凱爺教你

危機公關炎上對策

從新創事業到上市櫃企業都必修的品牌公關危機處理課

凱爺
唐源駿

著

目錄

Chapter

1 公關危機事件全局觀

Chapter

2 錦囊妙計：公關危機處理
五大心法 PRSOS

◆ 林一泓｜歐買尬愛心基金會董事長

「炎上」這個用語來自於日文，原指猛烈引火燃燒的現象，後來被用來泛指在現實生活中的言行舉止失當引發爭議，尤其是在網路上引起猛烈攻擊的現象。《危機公關炎上對策》這本書，就是一本個人及組織培養危機處理的概念，與實際運作的必備教科書。

這本書的內容非常適合一般個人、公關、網紅、政治人物、明星藝人、企業客服、高階主管及領導人等的閱讀，因為目前的網路生態很容易讓單一事件獲得巨大無比的流量關注，但是相對的也很容易因為一個口誤或言語不當，讓好不容易積累的口碑名氣，瞬間如一場大火焚燒殆盡，甚至是產生無與倫比的長久後遺症；唯有了解星星之火足以燎原的可怕潛在風險，碰到危機時在不同的時間點，該有怎樣的思維與做法來化危機為轉機，這樣才能遊刃有餘的在眾多自媒體存在的今日，獲得流量的正面關注與滋潤。

在本書諸多的案例中，其中最為大眾所知曉的如鼎王火鍋料事件及王力宏人設事件，都有詳細始末的敘述與分析，這些過程中倘若能提早警覺危機即將發生的話，就能夠更早有所作為，設立防火線與止血點，防止事件的惡化與擴大，不至於造成最終一發不可收拾的局面。

◆ 林明樟（MJ）｜兩岸三地頂尖財報職業講師

因為商場合作，認識作者源駿超過十年，這十多年來，看著他的各項事業愈來愈好，真的非常高興。

源駿很特別，因為不論遇到什麼大挫折或意外事件，總是微笑以對，最後想出一個個出奇制勝的好點子；更棒的，他熱心助人，好幾次我經營的公司遇到行銷或公關挑戰，他總是第一時間出手相助。

欣聞源駿將自己十來年的公關經驗全部書寫分享給讀者，這是一本每位行銷、公關工作者或中小企業主都應人人一本的公關危機工具書。

因為一個品牌的建立往往需要五至十年，投入大量的心力、人力、物力與財力；但市場變化之快，加上內部流程或會員服務過程中的不經意錯誤，造成公關意外事件，可能因為不夠用心，不夠誠意、沒有危機意識或是沒有經驗，本來只是一件客訴或小意外，最後演變成炎上事件，個人或企業用心經營的品牌一夕之間土崩瓦解，甚是可惜。

今天起，您不需要再土法煉鋼，作者提供了一套公關危機處理的框架，用PRSOS五個面向，幫助您有方法有步驟，一步步成功解除可能引爆的炎上炸彈。

這是一本充滿公關危機的實戰好書，MJ滿分五星推薦給您！

這是一本，每位行銷、公關工作者或中小企業主都應人人一本的公關危機工具書。

◆ 彭思齊 | SHOPPING99 共同創辦人

身為凱爺的好朋友，我們的私下聚會生活，我已經習慣常常都會被各種公關事件給打斷。各種光怪陸離的事情，都可能會找上他幫忙。可能是醫療糾紛演變的公關危機、或是名人婚外情引爆的輿論壓力，也可能是建商的工安事件、食品大廠的食安問題等等。

每次看他不疾不徐地把許多事情用四兩撥千金的方式，感覺他好像魔術師一樣把許多炎上的公關危機都大事化小、小事化無，讓身為他的朋友常常在一旁瞠目結舌。

不過這些看似快速的決定，其實我知道這背後倚靠著縝密的思考邏輯和實務經驗，才能讓凱爺好像企業的諸葛亮一樣，在困難的公關事件中，能夠運籌帷幄之中，決戰千里之外。所以當他告訴我，他想出一本危機公關的書時，我其實非常支持。

畢竟在這網路世代，如普普藝術大師安迪沃荷曾經說過：「在未來，每個人都會爆紅15分鐘。」但是許多事情成也網路，敗也網路，你可能會爆紅也可能會爆黑。因此不但網紅藝人都需要有這本書放在床頭，企業主和高階主管們，更是需要這一本實用又實戰的工具書，讓你在危機的黃金時間做出最正確的決定。擁有這本書，也讓你擁有企業公關諸葛亮，讓你能化險為夷，逆轉情勢。

最後願大家安好，人生都不要有炎上的危機。

◆ 葉幼梅｜世新大學公共關係暨廣告學系副教授

面對瞬息萬變、訊息爆炸的動態競爭環境，企業運營與品牌經營經常面臨各式挑戰，風險和危機管理儼然成為企業與品牌管理的重要顯學，更是考驗與檢核企業組織效能的關鍵指標之一。

多數企業組織對於風險與危機管理日益重視，設立專責機制，儲備相應的管理能量，甚至建構與導入預防系統，在危機潛伏期有效進行前期控管，降低風險與危機的發生。然而，風險與危機管理涉及階段性與連續性，危機一旦發生，企業組織勢必會受到不同程度的衝擊，在講求解決危機之虞，後端的復原，甚至牽動的變革管理，皆會影響企業組織能否重拾聲譽與品牌信任，化危機為契機。

本書作者以理論與實務兼具的全面性觀點，涵蓋管理、心理、社會、輿情等多元角度探討風險與危機管理思維與系統，深入淺出的專業知識、可操作性的心法與對策技法，以及符應地緣和參鑒特性的本土品牌實務個案解析，讓企業組織與相關從業人員易讀、易懂、易用。除從思維與系統機制端概論外，本書作者更大力傳導品牌公關與危機管理的企業態度，態度是核心，決定風險與危機管理策略和應變的高度及溫度。本書清晰簡明，非常具有參考價值，值得大家一起來探索。

◆ 楊佳榮 Jason Yang │ 傑思·愛德威集團創辦人暨執行長
有準備的人才能將危機化為轉機

傑思·愛德威從無名小站時期開始，陸續與許多KOL（關鍵意見領袖，Key Opinion Leader）進行口碑行銷合作，一路從Blogger、YouTuber到現在的Podcaster等，看著這些優秀的創作者在屬於自己的領域上發光發熱，也媒合過許多創作者與品牌客戶一同打造亮眼的行銷成績。一路走來，有些許優秀的KOL面臨公關危機時，因為經驗不足或是缺乏公關團隊的協助，在事發當下處理不當造成自身品牌的殺傷力產生負面效應。有不少當時優秀的創作者在遭遇公關危機後聲勢下滑，被迫淡出經營多年的自媒體領域，十分可惜。若創作者在當時有凱爺這本書可以學習，詳讀並提前模擬各種危機的對應策略，相信可以幫助許多自媒體經營者渡過公關危機難關甚至化為轉機。

有準備的人才能將危機化為轉機，凱爺運用他於品牌行銷界數十年的公關實務經驗，整理出公關危機處理具備的六大流程與公關危機處理五大心法，讀這本書時，我一邊看著書中的流程，一邊全面檢視現在公司各階段可能隱藏的風險危機，同時思考檢核相關作業流程。如書中所言，有時危機不只是發生在公司內部，與公司相關的利害關係人，例如上下游，或是合作夥伴、消費者，都有可能是引爆危機的來源。透過此書不僅能提點大家危機意識並在各階段鉅細靡遺的分享如何提早做足準備，以及該做何種準備，對於品牌或是自媒體經營者在自我危機檢視的項目中十分受用。

尤其，最後一章節的企業風險危機指數檢測表，直接列出各項危機潛在因子，讓大家可以依據品牌實際現況馬上進行危機健檢，提前管理風險。我推薦所有經營企業品牌或是自媒體的朋友，將這本書當作實用的工具書，從檢視、預防、到演練，在社群媒體發達、傳播速度飛快的時代，一旦面對公關危機，能有效爭取時間，化危機為轉機。

◆ 劉安立｜彥星喬商傳播事業群創辦人

作者源駿是一個具有高敏感特質，對人熱情、對工作積極的性情中人。

因為高敏感特質，他對人、事、物的觀察，比起一般人來說更為深入細微，甚至很多其他人不曾考慮的思考角度，對他來說簡直是像呼吸一樣自然的反射動作。

所以像是即品網的創立，就是因為他高敏感的特質，想更正向積極的解決食品公司即期品去化壓力的痛點，所思考出來公司與消費者雙贏的絕佳創業典範。

而他熱情積極的個性，把不可能變為可能，更是讓人佩服的功力！一般人開店需要籌備半年、一年，他卻在七天內催生出即品網實體店，並快速展出七家分店達到一年一億的營業額規模。然而那只是他踏出職場沒多久的經歷，爾後他創業、創立自有品牌、幫助更多本土企業，屢屢讓我驚訝他對工作持續投入的熱情，像是永不熄滅的太陽一樣炎熱！

　　因為源駿持續在耕耘自己的品牌、同時也協助行銷其他的企業，所以這本書是他用多年來實戰經驗所內化出來的心法精要，不但字字珠璣還切合時下的流行用語，不管是「炎上體質快篩」或是「復籌者聯盟」都貼切得讓人會心一笑。也將公關危機處理的過程及需要溝通的對象，做出許多實用表格工具，非常適合企業內部公關或管理階層，在面對類似情境時，能根據表格提供360度環景的切入視角，方方面面檢查危機處理的各種層面對應是不是足夠完備。

　　就像作者說的，這是第一本台灣企業品牌公關危機處理的工具書。這讓我回想起，在 20 多年前，當時台灣廣告媒體界，都是外國翻譯書之際，我們公司周亦龍就以公司內部案例，和動腦雜誌出了台灣第一本屬於台灣人自己的媒體工具書籍——《媒體的做點》。友人笑我傻氣，說這樣豈不是把公司的 Know-how 都分享出去了？但我認為分享自己的經驗，讓大家一起好，才能讓世界更美好。謝謝作者跟我一樣傻，願意讓台灣的品牌和從事行銷公關工作的人，能少走一些冤枉路，有更多的時間讓品牌更美好！

　　最後，書中點到危機處理的關鍵是人與人心，很多時候重點不在於物質條件賠償的多寡，而是心靈層面的同理。我想這也是高敏感特質的人，才能夠理解現實生活中，很多看不見的問題，需要被理解才能徹底療癒的深層公關價值！推薦這本書給走在品牌路上的每一個你！

◆ 王蘭芳｜OB嚴選創辦人

　　拆彈與打怪是企業經營必備技能，《危機公關炎上對策》能讓讀者防範未然避免踩坑踩雷，若不幸落坑，本書更是坊間最實用的教戰手冊！！

　　面對不同危機有不同招數破解，從「復籌者聯盟」籌組分工、危機處理的六大流程與實戰工具、到公關危機處理的五大心法（PRSOS），逐步教導企業如何在最快時間內掌握問題源頭與事件全貌，脫離險境減輕傷害，甚至能逆轉危機華麗轉身。推薦企業主或公眾人物必備工具書！！

◆ 李靜芳｜遠東集團綜效暨零售規劃總部執行長
　　　　　遠東巨城購物中心董事長

轉危為安的公關致勝攻略！

　　現今互聯網孕育全民皆媒體時代，新聞資訊傳播飛快，猶如兩面刃；企業領導者更需正視危機公關的管理。危機當下冷靜坦誠，掌握人心關鍵，發揮同理心並有效溝通，才能迅速化解信任危機。

　　筆者書中闡述從理論到實戰計畫，並考量台灣特有的文化特質，以本土案例為證，值得企業／品牌學習借鏡。

◆ 陳宗賢｜聯聖集團董事長

談笑風生的危機與公關行銷大師

認識凱爺是在聯聖企管的共同座談會中，發現他的風采與實力，能在很短的時間中掌握到關鍵，提出精準的對策，令人佩服。

行銷是門企業經營重要的課題，台灣懂行銷的人不多。

玩行銷的人卻很多，凱爺卻是箇中高手。

危機公關處理更是企業經營不可或缺的一門課，因為這是可控與不可控因素的綜合體，應對得好是加分，應對不好或主觀過強就減分，這攸關企業形象與好感滿意度，凱爺的聲譽是不言可喻的。

此次知道他出這本書當然要來共襄與推薦，因為這是不可多得的一本實用的好書，特此推薦。

◆ 康敏平｜臺師大全球經營與策略研究所教授

最好的風險管理是從源頭防範防止危機發生，依循書中利益關係人譜系建立對內對外的全流程管理系統，無疑是防範未然或是對症下藥的武功秘笈。我在大學擔任公關行政多年，深感不論是組織或是個人隨時都有可能被危機事件攻擊，這本書有系統地呈現危機處理的理論與實務，應該人手一本，因為當黑暗來臨時，你會需要這樣一本教戰守則，才能冷靜地找到出口。

前言

首本聚焦台灣企業品牌公關危機事件處理的工具書

　　本書要獻給所有正為台灣品牌奮鬥的各產業菁英，無論是品牌、行銷、公關業的從業人員或個人新創品牌，甚至是已具規模的明星藝人、意見領袖（KOL）與網路紅人們。

　　本書濃縮筆者於品牌行銷界十數年的公關實務經驗，以深入淺出的方式建構出品牌行銷主理人在遭遇公關危機發生時須具備的危機事件處理六大流程與實戰工具、公關危機處理五大心法（PRSOS），輔以知名台灣企業公關危機案例分析與操作建議，以及能夠自我診斷企業危機風險指數的免費測驗量表。俾使讀者能同步吸收專業理論與實務經驗，即知即行，學以致用，亦期盼本書能為台灣本土品牌公關與危機處理之產業隱性知識管理開啟對話基礎。

　　如果可以向神許願，筆者希望有需要的人們都能在品

牌公關危機事件發生前讀過本書內容，因為永續經營之路，危機終究都會發生的，就像是企業茁壯必經的成長痛，反正都是得要面對的課題，那麼為何不讓自己提早做好準備，以避免臨危受命又捉襟見肘的窘況。

近年來，每天似乎都可以看到品牌危機事件如雨後春筍般接連上演，從傳統媒體的獨家踢爆到社群軟體裡的爆料社團、或是網路媒體的即時新聞，甚至是哪個百萬流量網紅或是KOL意見領袖的驚人發言，最後時常變成一場品牌的公關危機大秀。是黑心品牌變多了嗎？還是世風日下，人心不古，良善泯滅，出軌家暴、虐待動物、勞資糾紛等等已經讓人司空見慣，不足為奇？其實是因為台灣早已進入資訊透明的時代，科技工具日新月異，社會意識也益發多元開放，當然也就在各階層中，凝聚著各具特色的獨立意識。

品牌也面臨更全面的挑戰，無時無刻，隨時隨地，品牌都得接受市場消費者的監督，稍有不慎，可能一張照片，一段影片都會成為傾覆品牌的源頭星火；品牌發展已

邁向如履薄冰、戒慎恐懼的危機時代，而如何在每一場公關危機都能夠安全下莊，憑靠的是品牌主理人的能力與經驗。你準備好接招了嗎？！

🔍 閱讀建議

　　如果您是第一次閱讀本書，建議您可以先至第四章，測試您的企業危機風險指數；之後再依序從第一章閱讀至第三章，同步查對測驗裡的各項問題內容，將能廣收倒吃甘蔗、漸入佳境之效。

　　如您是已具備基礎公關能力的同業好手，想直接藉由本書內容建立危機處理實戰力，則可依第一章流程，步步踏實建立起企業專屬的品牌公關危機事件處理流程結構與企業內部危機處理流程表，並配合第二章心法所述，因地制宜巧妙運用。如您喜歡的閱讀方式，是採案例研究法（Case Study）則歡迎您從第三章案例解析入手，先從台灣近年知名公關危機案例中洞悉脈絡，而後輔以實戰做法與公關心法，將能廣收實務理論兼備之效。

CHAPTER

1

" 公關危機事件 "
全局觀

01

危機事件定義與特性

　　從字義上來看，危機似乎可以拆解成「危險」＋「機會」的兩個詞語，意思是當國家、企業、組織乃至於個人層面，在面臨具有損害危險性、甚至是攸關存亡的問題時所面臨的轉捩點或其作為可能會是決定未來發展方向的分水嶺，亦即危機可能是翻身轉機，也有可能是場危及生命的最後一戰。

🔍 認知危機事件的本質

　　從企業／品牌的角度來看，如果企業要持續追求穩定成長，勢必會在各個階段面對不同的問題需待解決，其中能夠有所準備或是心有警惕的可歸類為尚待解決的問題，

但若問題提前發生，或是讓企業措手不及，或是毫無準備的急迫問題則將變成危機事件，而危機本質與內外部環境將決定了其將對企業造成的損害風險程度，而且是以倍數方式急速攀升。

🔍 當代公關危機處理的基礎認知

危機事件多半與公眾有關，因此在企業面臨時，自然而然就成了公共關係（Public Relationship）部門的責任，而後「企業的品牌公共關係危機事件處理」，為求溝通方便，就簡稱為「公關危機處理」。

眾所周知，這個世界隨時都在發生各種危機事件，但這門危機管理的學問卻是自第二次世界大戰後，為了國家存亡的重大決策才應運而生；正式使用到企業領域上，則是在1982年美國嬌生公司發生泰利諾膠囊中毒事件後才備受重視，距今發展不過四十年。也因為危機事件天生特性所致，造成產官學界各方意見不一，難有統一模型得以

應用分析，卻也為該領域帶來多元形色發展。

　　若要概說危機事件特性，則可簡單理解：每個發展成為危機事件的問題，都有其時間的急迫性與無法預測性，無論是發生的時間，還是企業被迫面對的時間，甚至是中間還無法有所作為的時間中，危機事件都有可能急速變化；問題的成因也多半是多方面向交集的結果，多重的利害關係人交雜，倍數增加了問題成為危機事件的發生機率與風險損害程度；也因為無法預測事件發展，自然也就無法預測提出的行動方案會有確定性的回應或成效，附加上網路世界的自媒體傳播增速，讓擴散範圍無遠弗屆，動態變異與增生再創無窮大，也因此造成危機管理相關領域眾說紛紜，百家爭鳴的狀況。

危機事件發展生命週期與各階段重點

　　公關危機事件發生，其實頗像冰山一角的觀察視角，危機並不是在我們發現的那一刻才發生，而是在之前就已經於晦暗不明處醞釀，直到成熟後方才引爆點燃，因此在了解公關危機事件的全貌時，須先了解危機事件發展週期的規律性，一般而言，可分為六大階段：

風險管理	星火醞釀	危機爆發	媒體擴散	對外溝通	善後重建

危機事件發展生命週期（A-F）

A. 風險管理	B. 星火醞釀	C. 危機爆發
A1. 利害關係人管理 A2. 內部全流程管理系統 A3. 危機處理應變手冊與教育訓練 A4. 劇本模擬與議題演練 A5. 建立官方自媒體	B. 危機訊號出現 B1. 傳統媒體 B2. 網路輿論 若 A2 提前查知即可轉客服處理 若經 B2 查知則已進入高危機風險區 若經 B1 媒體曝光後品牌方得知危機則進入 C. 危機爆發階段	C1. 評估危機類型與風險程度 C2. 召集危機事件小組與專家顧問 C3. 啟動危機事件內容調查 C4. 決策行動方案 C5. 各成員工作分配表 C6. 與針對利害關係人的具體溝通內容

🔍 危機處理的成敗關鍵之一：紀錄、紀錄、紀錄

　　與企業相關的利害關係人可分為公司同仁、上下游、董事會與股民、政府與非營利組織以及市場消費者等層

D. 媒體擴散	E. 對外溝通	F. 善後重建
D1. 監控媒體擴散情況 D2. 判斷整體媒體發展	溝通內容與回應形式	F1. 將行動方案承諾執行到底 F2. 危機事件處理紀錄 F3. 行動方案策略檢討 F4. 危機處理資料庫更新，即 A2-A4 F5. 持續經營媒體關係，修復品牌形象市場觀感

次。在各層次之管理方式雖略顯不同，但有個共通不變的重要關鍵就是「凡做過必留下痕跡」，也就是企業一定要遵守標準作業流程進行詳實記錄，這可是公關危機事件處理成功的前提條件。

風險管理

防範未然──最理想的風險管理是能讓問題
在變成危機前就被解決

　　企業經營的風險管理，最好的方式不是在危機出現
時，擁有過人的處理技術，而是希望在日常經營時，就能
將問題解決，或是將問題在被放大變成危機事件前，就被
圓滿化解掉。也因此在公關危機事件的發展週期中，第一
個階段是要針對企業日常經營的風險管理基本功進行檢
驗，基本上可以分成幾個方向：

　　A1 利害關係人管理

　　A2 內部全流程管理系統

　　A3 危機處理應變手冊與同仁教育訓練

　　A4 劇本模擬與議題演練

A5 建立官方自媒體

🔍 A1. 利害關係人管理：
問題之所以成為危機事件的關鍵

　　我們可由位居公司核心的同仁員工層次開始，公司應定期檢視雇傭關係是否符合相關法律規定，如勞動基準法、性騷擾防治法，延伸到職場環境、性別平權、企業文化等較為軟性之議題上；同時別忘了雇用相關紀錄的重要性，如出缺勤紀錄，考績面談等紀錄，都是後續如果產生勞資糾紛的最佳舉證來源。

　　向外延伸關係人譜系，協助公司製造的工廠或幫助商品分銷的通路，也是在風險關係中不可忽視的一環，針對上游下單的工廠環境衛生與合法合規、採購單內容、品管驗收項目，延伸到留樣測試，定期送檢都是針對上游進行風險管理的必要過程；此外，身為品牌到達消費者的最後一哩路——通路，企業也要有一套自己的管理方式，無論

是店面人員的服務態度還是電商運送的即時時效，都是獲取消費者滿意度的最後關鍵，乃至於消費者看不見的倉儲衛生與溫度控制，都是不可輕忽的關鍵環節。

此外，企業也不能故步自封，認為企業只要關起門來把商品做好即可，平日鮮少與媒體往來交流，甚至抱持著不屑的傲視態度；但卻又天真冀望在危機事件發生時，記者能夠筆下留人，溫良恭儉讓，這無疑是癡人說夢；當然，我們也不能幻想或許可以利用與媒體記者的關係，在企業出現危機事件時，能憑一己之力就壓下新聞，全身而退，這又是另一種自不量力的妄想，但若企業能定期與媒體交流，將能有助於媒體記者朋友預先了解企業的領導風格與經營方式，而在危機事件發生時，企業更能第一時間面向記者朋友溝通事件真相，進而創造平衡報導的機會，將危機事件可能造成的損害極小化；對比驚心觸目，招招致命的危機事件對企業所造成的形象與聲譽傷害，日常用心經營媒體在關鍵時刻能夠產生的效益可說是十分值得。

最後，企業於經營時本就必須恪守相關法令，因此與

相關政府單位保持良好關係與溝通管道，除了能夠獲得第一手政策消息外，更能夠於發生危機事件時，請求相關單位的專業建議，如商業司、國稅局、環保局、衛生局、衛福部，乃至於消保會等，都是能在適當時刻展現關鍵效益的利害關係人。

🔍 A2. 內部全流程管理系統：
　　企業內建的任督二脈，把脈診病不求人

在逐步建立與利害關係人之間的管理稽核點後，我們可以從兩個視角綜觀來看企業的全流程管理系統（CROSS-SOP）是否通暢：

▶貨流 × 消費者回饋資訊流

從最源頭的代工原料或貼牌採購開始，一路順流到最末端的實體店面或物流配送，透過與各個利害關係人的管理稽核點，建立企業內部跨部門的全流程管理系統

（CROSS-SOP），這有助於全公司同仁能夠一同協助公司，檢視現存經營管理範圍是否存有死角或是未盡周全之處，進而完善系統缺陷。

▶逆流而上的回饋資訊流

逆流而上的回饋資訊流則是由消費者或市場端發起的，客服中心作為首站資訊整合匯集處，將統一收納各類客服管道（公司電話、LINE@官方帳號），客服專線（0800）、社群工具（Facebook、Instagram）、網路評價或討論區（Google評價、PTT、Dcard等）甚至是滿意度問卷或關心電話等相關紀錄；客服中心於匯流相關客服客訴紀錄後，除了須即時處理客服需求與客訴案件外，公司更應定期透過研究相關紀錄中的異常點與離群值，不定期抽檢查驗相關利害關係人的現行合作內容與實際情況，持續優化全流程管理系統（CROSS-SOP）的健全程度。

CROSS-SOP 全流程管理系統

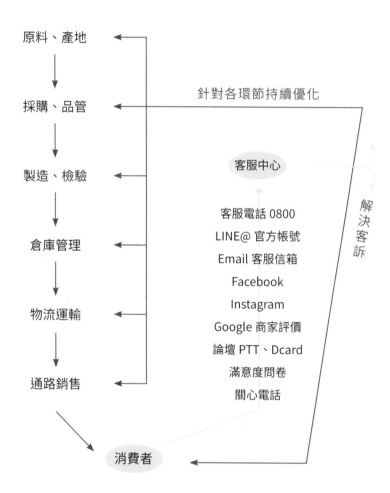

A3. 危機處理應變手冊與同仁教育訓練： 武功祕笈在手，按表操課免驚啦

如果在危機事件發生時的第一時間，公司同仁早已人手一本危機處理應變手冊，並且透過日常的教育訓練早已將相關要訣熟稔於心，那麼危機事件的首要挑戰——人心惶惶，企業便已安然度過。第二挑戰則是群龍無首，各自為政，此挑戰最常出現的狀況便是企業內部在沒有掌握完全資訊時，同仁便私自對外發言，造成企業莫大傷害，也失去了唯一向媒體正式發言的寶貴機會，也因此，事前建立公司專屬的危機處理應變手冊，並針對相關部門進行定期教育訓練，是企業能否安然度過危機的一大關鍵。

A4. 劇本模擬與議題演練： 多演幾次，人人都能是影帝影后

再有天分的演員，也需要上台排練，因此在危機處理

應變手冊建立完備後，可藉由與同仁教育訓練的機會，順勢提出企業發生率較高的危機事件劇本，藉以讓現場同仁能有實際演練的機會，以備不時之需。此外，除了危機事件外，也能針對企業所處之產業，提出相關議題進行討論，如環保永續、公益慈善、動物測試、企業社會責任CSR/ESG/SDGs等，如果在適當時機表態，將能讓企業收獲避開危險、搶得先機之效。

A5. 建立官方自媒體：
　　必要時刻挺身而出，捍衛商譽

由於危機事件多半仰賴大眾媒體作為平衡報導與擴散傳播之效，但萬一企業因為危機事件第一時間曝光時，便已造成媒體先入為主，已有定見之時，或是衝突的對造利害關係人擁有媒體資源，熟稔記者偏好，企業在無法搶回媒體發言權時，擁有能為自己發聲的官方自媒體便至關重要，因此，切勿小看匯聚粉絲的社群媒體，若有幸能擁有

一票擁護企業理念的鐵粉，在企業無端遭受攻擊時，這群
鋼鐵粉絲將會成為在輿論撻伐中逆流而上的突圍尖兵。

星火醞釀
星星之火可以燎原,魔鬼藏在細節裡

🔍 B1. 傳統媒體

　　時間,是公關危機處理過程中最寶貴的資源,若能在危機事件的初期掌握先機,企業就有很高的機率將大事化小,小事化無。

　　但該如何掌握先機呢?過去,我們可能要仰賴公關部門或是委外公關團隊,進行每日閱報或是全媒體監測的工作,才能知道當日媒體情況,但其實當閱報時才發現公司出現危機事件,那多半早已炒得沸沸揚揚,甚至媒體記者都已經長驅直入殺到門口了,那時候就不是星星之火,而是燎原大火了。

　　也因此,建立與媒體記者的關係更顯重要,如果記者

能在得知爆料同時，願意致電企業或公關窗口查核事實真相，那企業便多了一次能夠平反的機會，而非等到獨厚一方的偏頗報導曝光時，企業才開始救火。

B2. 網路輿論

不過，現在也比傳統媒體時代更難掌握新聞曝光，由於各類媒體的多元發展，如：網路媒體搶發即時新聞，平面周刊發展網路新聞，甚至是發展成全時新聞台，新聞台則向網路影音或新聞直播發展。種種媒體的碎片化與多元化，都造成媒體監控的難度大大提升。

復以近年網路發展速度蓬勃，個人自媒體（KOL網紅）粉絲數量都能與新聞媒體的閱聽人數相差無幾，往往深夜一個貼文留言，就成了各家媒體隔日追捧的頭條新聞，也因此除了傳統媒體的監控外，網路輿論監測的重要性也日漸提升，尤其全民踢爆風氣盛行，爆料公社、靠北社團如雨後春筍般林立，也成為媒體取材來源。

　　而無論透過全媒體監測或是網路輿論監測系統查知危機訊號出現，首要任務都是先針對危機訊號分類，如果是經由網路輿論監測系統查知有消費者於網路上貼文反映客訴問題，建議可以即時讓客服人員主動私訊為消費者解決問題，若同時能驅動品牌鐵粉前往分享過往真實消費的愉快經驗，將能有效平衡負面評價，避免客訴問題延燒成為危機事件；而最佳制敵機先的方式是經由全流程管理系統內的消費者回饋資訊流查知客訴案件，進而主動提供解決方案，將問題發展成危機事件的可能性降為零。

　　尤有甚者，若於消費者回饋資訊流內發現消費者曾說出關於危機事件的關鍵字詞，如：踢爆、爆料、媒體、記者等敏感字，便能針對該潛在危機事件進行準備，並同步於網路進行監測，以利於第一時間做出最佳反應。而最差情況則是危機事件直接於大眾媒體上曝光，企業與大眾同時知悉事件，這一秒，公關危機處理正式鳴槍開跑。

危機爆發

硝煙一起，即刻出擊

　　一旦到了危機爆發的階段，硝煙已起，箭在弦上，刻不容緩，這時就是得依照企業內部危機處理流程表的步驟，Step by Step 往下執行：

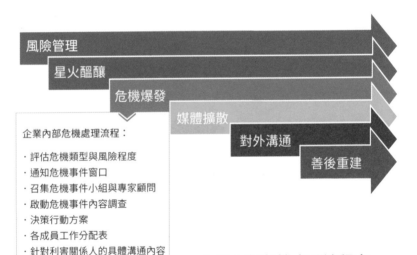

風險管理
星火醞釀
危機爆發
媒體擴散
對外溝通
善後重建

企業內部危機處理流程：
· 評估危機類型與風險程度
· 通知危機事件窗口
· 召集危機事件小組與專家顧問
· 啟動危機事件內容調查
· 決策行動方案
· 各成員工作分配表
· 針對利害關係人的具體溝通內容

企業內部危機處理流程表

🔍 C1. 評估危機類型與風險程度：

　　首先，企業可先建立在該產業內可能會發生的危機類型清單，再進一步以可預測性與影響範圍加以分析，便能對危機事件建立基礎認識與類型分類；從危機類型矩陣看來，危機事件多半是因為經營管理或內部流程系統出現問題，進而發展成為不同類型的危機事件。

危機類型矩陣		
可預測性 難—易	非預期危機	致命危機
	常見危機	棘手危機
	影響範圍 小—大	

從另一個角度而言，我們也可以用五個項目來評估危機事件的風險程度：

危機事件風險程度評估表（★★★★★星級）	
星級	風險程度評估內容
★	問題本質是否挑戰企業核心或基本價值，造成期待落差
★	企業對該問題演變成危機事件的前因後果是否精準掌握
★	針對該問題本質與危機事件，媒體關注的偏好與輿論傳播速度
★	該問題造成影響的人數多寡或範圍大小
★	危機事件是否仍在持續惡化中

C2. 召集危機事件小組與專家顧問

在判斷危機類型與風險程度後，同仁第一時間要通知的管道，則應列明至以下危機處理小組成員與職責表內，也因為危機事件多為突然發生，因此表格內一定要能夠明列各式聯絡方式，而不是讓第一線面對危機事件的同仁在企業組織內如同無頭蒼蠅般兜兜轉轉，白白浪費了危機處理的黃金時間。

危機處理小組成員與職責表				
類別	成員	職責內容	聯繫方式	備註
總召	○○○	召集並主持會議 決策行動方案內容		
執行祕書	○○○	聯繫小組成員 協助相關決策執行	0900-123-123 LINE ID: ○○○	
發言人	○○○	擔任對外唯一發言人		
調查組	○○○	由跨部門主管組成 依據事件內容指派相應 人士擔任		
執行組	○○○	執行最終行動方案 依據事件內容指派相應 人士擔任		
布達組	○○○	對公司內部同仁布達資 訊與對應措施 針對相關利害關係人進 行溝通		
法務組	○○○	針對危機事件所涉法律 問題進行研究		
公關組	○○○	全媒體與社群輿論監控 媒體聯繫與資訊提供 安排記者會事務		危機事件 通知窗口
記錄組	○○○	針對事件發展進行記錄 與側拍		
專家顧問 （外聘）	○○○	依據事件內容聘任各領 域專家		

🔍 C3. 啟動危機事件內容調查

　　此外，針對該危機事件的內容調查，也需要傾全公司之力，在最短時間內查明事實，此時全流程管理系統（CROSS-SOP）便是能快速讓事實重現的關鍵拼圖，透過多元的紀錄，讓企業得以拼湊出事件的樣貌。

　　雖然人們常說事實只有一個，但想百分之百掌握事實，甚至是重現往昔現場狀況都是不可能的事情，也由於各方立場不同，提出的資料與說法也多有主觀，因此在蒐

時間 A 何人 問題／重點		時間 C 何人 問題／重點		時間 E 何人 問題／重點
●	●	○	●	●
	時間 B 何人 問題／重點		時間 D 何人 問題／重點	

建立危機事件發展時間軸與重現情境

集完各方資料後，就應該進行資料的梳理與比對，此時可將所有發生的關鍵事件以時序排列，建立危機事件發展時間軸，並利用圖文畫面重現情境，便能一窺事實樣貌，雖說危機處理常因跟時間賽跑而無法查證至盡善盡美，但若能在最快時間內掌握問題源頭與事件全貌，便能在後續的危機處理過程中進退有據。

C4. 確認本次危機事件行動方案

　　而在有效率地掌握事件全貌後，便能在社會大眾與媒體記者期待的時間壓力下，快速提出對此危機事件的正式說明與相關行動方案，其中兩件事情是在行動方案確認後，同步要列明細節並分工執行的，即在行動方案下，各成員工作分配表以及針對方案內容，各成員針對各利害關係人的具體溝通內容表，為求眾人行動方向一致且同步，以下表格務必要切實規劃與執行。

C5. 各成員工作分配表

行動方案下各成員工作分配表						
危機階段 單位	風險 管理	星火 醞釀	危機 爆發	媒體 擴散	對外 溝通	善後 重建
總召						
執行祕書						
發言人						
調查組						
執行組						
布達組						
法務組						
公關組						
記錄組						
專家顧問 （外聘）						

🔍 C6. 與針對利害關係人的具體溝通內容

針對利害關係人的具體溝通內容表						
單位	本事件受影響之直接利害關係人	同仁員工	媒體	消費者	上下游	政府單位非營利組織	董事會股民
總召							
執行祕書							
發言人							
調查組							
布達組							
法務組							
公關組							
客服組							
記錄組							
專家顧問（外聘）							

媒體擴散
讓子彈飛，找出企業得以回擊的大砲

🔍 D1. 監控媒體擴散情況

從危機爆發開始、企業要在最短時間內查明真相並且於內部決議相關行動方案，進而正式對外布達的這段期間，各方媒體將對企業進行無所不用其極地挖掘尚未曝光的內幕，並以超高標準檢視一切問題與疏失。

🔍 D2. 判斷整體媒體發展

在這期間，企業需要多軌進行任務，首要任務是要心無旁鶩的查明危機事件的事實內容；並同步監控媒體擴散情況，全媒體與社群輿論都得滴水不漏，並且關注是否有

不在首波踢爆內容內的「再踢爆」，這些再踢爆素材，若搶先一步讓媒體得知，可能就會引起第二波的擴散效應，除此之外，企業亦應同步分析整體媒體情勢發展，是否有以下三個狀態：

▶競品搞鬼

無風不起浪，若發現問題的出現不正常，事件發展不自然或是有明顯人為操作痕跡，記得調派資源暗中找出興風作浪的始作俑者，就能扭轉戰局，甚至藉此給對方致命一擊。

▶主角替代

由於閱聽人習慣使然，媒體向來會對當下最紅的主角窮追不捨，但一時的媒體「寵兒」，可能下一秒就是過眼雲煙，媒體熱度轉瞬就過，也因此如果在危機處理的過程中發現媒體已經轉頭遠去，另追他人，切記於後續行動方案上採取低調行事，不要再度喚起眾人關注。

▶議題走向

在媒體擴散的階段，可能引起危機事件的問題在關注不同議題的群體內，會引發另一種討論視角或全新議題，企業可借力使力，引導大眾與媒體討論更高層次的議題，進而稀釋企業問題的風險程度。

對外溝通
斟酌溝通內容，慎選回應形式

　　對外溝通，除了公布相關事實內容外，在危機處理的過程中，還需要對外溝通的是在這事實內容下，品牌抱持的立場為何？是自認有錯道歉，還是自覺沒錯挺身捍衛。其實危機處理並非零和之戰，有時候犯錯不一定會萬劫不復，自覺有理也不能趾高氣揚地得理不饒人，對外溝通就是希望創造出多贏結局。

🔍 能力越大，責任越大

　　規模越大的企業所觸及的消費者群體，甚至是相關利害關係人層面都越加廣泛，相對就應肩負起更大的企業社會責任與自我監督的義務；在危機處理的過程中，在掌握

一定事實後，內部就應開始分析問題起因與責任歸屬，但聚焦責任歸屬不是要推諉卸責的歸咎給他人，而是知道問題的起因後，方能進行實質改善行為，力求不貳過。

🔍 無論誰出的錯，責任都會在企業身上

對比是誰出了錯，社會大眾其實更想知道的是為什麼會產生這次的錯誤，未來該怎麼改善，以及將會如何彌補權益因此受損的利害關係人。大致上可以細化為幾個方向：

- 現況發展為何？造成危機的問題成因為何？該如何讓它不會再次發生？（理）
- 這個問題影響了誰？範圍與程度為何？（法）
- 品牌會如何補償權益受損的群體？由誰負責？（情）

而無論是公司內部疏失所造成的問題，抑或是相關利

害關係人出錯，如：上游供應商、下游協力商等，對消費者而言，都是企業品牌把關不周的問題。

企業立場應始終堅定為消費者權益把關

也因此在危機處理的過程中，企業縱使面對危機成因錯不在己的情況，但絕不能展現推諉卸責的態度，而是要對曾經信任自己的消費者負責到底，堅定立場持續捍衛並保護消費者權益，並積極偕同夥伴提出補償措施。

而如果真的遇到不實爆料，或是與企業經營無關的八卦問題，企業也無須隨波逐流，任人擺布，適時地保持沉默，也是優秀的公關策略之一。

至於如何評估回應與否？大致可用兩軸加以分析，事件與企業經營相關性、媒體爆料層級：

危機事件回應形式建議表			
媒體層級 事件與企 業經營相關性	匿名爆料	獨家踢爆	媒體跟進
高度相關 如：產品／服務問題	客服出手	預備危機	危機處理 正式記者會
低度相關 如：八卦消息、假新聞	持續觀察	法務對應	公開聲明稿 官方自媒體

　　以上狀況均可能突然出現，後續可能會採線性發展，也可能單點引爆便趨結束。原則上在相關事件發生時，首要先歸類該事件內容是否與企業經營具高度相關性，若為低相關性，則建議在面對匿名爆料階段時，可採取持續觀察做法，並提醒相關利害關係人務必多加注意、謹言慎行，如能進一步掌握爆料者背景資訊與動機，則更能制敵機先，防範未然。若事件已獲媒體獨家踢爆，則需審視報導內容是否屬實，並根據法務建議採取後續法律相關事

務，如：存證信函或直接提告，務求第一時間將不實報導下架，以避免後遺症層出不窮，無法根治，譬如針對不實報導的分享與轉發，便會造成品牌日後於消費者網路搜尋時，長久且巨大的形象傷害；倘若事件發展演變成為各媒體跟進的八卦新聞，則建議可快速採用官方聲明稿以捍衛企業品牌形象，此時日常經營的官方自媒體就能派上用場，成為企業與消費者溝通的直接管道，同步亦能驅動品牌鐵粉，針對八卦消息甚至是假新聞，抨擊不實報導傷害品牌形象，藉以擴散輿論的正面評價。

善後重建

企業的成長就是來自解決問題，逆轉危機進而永續優化

🔍 F1. 將行動方案承諾執行到底

在行動方案布達後，首要任務就是將企業承諾執行到底，並對涉入本危機事件內權益受損害的相關利害關係人盡力彌補損失。

🔍 F2. 危機事件處理紀錄

此外，紀錄組須協助整合事件發展階段內的相關資訊，以利後續針對該危機事件進行結案與行動方案策略檢討，將相關問題回饋至全流程管理系統（CROSS-SOP）

危機事件結案建議檢討項目（F3+F4）				
序號	檢討項目	需檢討（Y/N）	改善方向	負責單位	預計改善完成日期
1	問題發生原因				
2	貨流是否缺失				
3	消費者回饋資訊流流程是否缺失				
4	問題演變為危機事件之原因				
5	監測系統是否失靈				
6	第一線危機回報效率與應變程度				
7	危機小組執行度				
8	危機小組時效性				
9	危機小組成員是否需調整				
10	危機事件處理程序是否需優化				
11	本次行動方案策略是否適當				
12	媒體溝通與資源運用是否可強化				
13	相關利害關係人是否安排妥當				
14	相關紀錄完整度與資訊更新（A2~A4 的持續優化）				
99	後續優化執行度				最終結案核定日

內，並同步更新危機處理應變手冊與進行企業內部危機事件資料庫改版。

由於危機事件的多項特性，如：時間急迫性、無法預測性、多重面向性、傳播擴散性、動態變異性及增生再創性，因此相關領域學者仍無法創造出放諸四海皆準的統一模型，但企業為求穩定經營與永續成長，仍建議可依本書相關步驟，建立企業專屬的品牌公關危機事件處理流程結構模型。

首先，可將公關危機事件發展週期六大階段作為橫軸，縱軸則輔以企業經營各部門與危機小組成員，便能建立流程與功能單位並存的模型結構，首先，誠如前文所言，相應部門應先建立全流程管理系統，以貨流作為順流基礎，客服中心則逆流而上，聆聽各方消費者回饋；公關組於日常經營便應建立良好媒體關係，同步偕同品牌行銷同仁建立品牌自媒體管道，並持續育成忠心鐵粉。針對未來可能發生的危機事件，則應預先建立企業危機處理應變手冊，並針對同仁進行教育訓練，輔以模擬劇本實作以及產業議題演練。

進一步，力求第一線同仁遭遇突發危機事件時，仍能冷靜處理，高效回報；而透過各種自媒體貼文與評價機制，如：Facebook、Instagram、Google 商家、LINE@ 官方帳號等，客服中心得以知悉是否有客訴問題正在暗中醞釀，伺機而起；同步配合媒體與輿論監測雙系統，公關組得以持續察知企業於市場上的危機風險程度。

倘若仍有漏網之魚，危機事件仍舊直衝而來，在媒體上直接曝光或是進入社群或論壇高調踢爆，公關組需第一時間評估危機類型與風險程度，並向危機處理小組總召報告，若評估風險程度頗高，則可立刻委請執行祕書召集小組成員開會，並立刻委由調查組查明危機事件事實內容，同步公關組持續監控，紀錄組開始詳實紀錄本案發展，待多方資料皆齊備時，總召便能諮詢小組成員意見，決策行動方案內容。

方案確認後，選擇適當對外溝通方式，如：委派發言人舉辦正式記者會或是於官方自媒體上刊登公開聲明稿，同步多管齊下，針對不同層面之相關利害關係人，透過執

行組、布達組或法務／專家顧問團隊進行溝通。對外溝通
結束後，執行組將持續完成企業承諾之行動方案，並持續
追蹤回報進度，同時紀錄組應就本案進行資料整合與結案
檢討。

🔍 F5. 持續經營媒體關係，
修復品牌形象市場觀感

於善後重建階段，企業應虛心檢討並改善本案所突顯
出的問題所在，相應部門應就全流程管理系統內的問題加
以改善，客服中心也應檢視是否資訊有所斷鍊，導致消費
者回饋資訊流失去預警功能，公關組應協同品牌行銷同仁
修補企業形象，重塑品牌價值，並適時回報媒體優化改善
進度，進而持續維繫正向共好的媒體關係。除此之外，於
本危機事件中扮演關鍵角色的危機處理小組，也應落實內
部檢討，追求永續優化，最後別忘了，要將相關內容更新
至相關資料庫並同步改版手冊。

CHAPTER

2

" 錦囊妙計 "
公關危機處理
五大心法 PRSOS

　　在第一章內容裡，我們深度了解公關危機事件處理的流程與架構，並建立了企業品牌的專屬模型；接下來，我們要針對危機事件的諸多特性，以恆常不變的五大心法去應對瞬息萬變的危機事件。為便利各位讀者記憶，特將此五大心法的關鍵字，以英文翻譯後，組合成一目了然的PRSOS字組，即PR（公關）＋SOS（求救）。

Pursue the real fact
追本溯源，掌握事實

　　在危機發生的當下，首要之務就是找出問題發生的原因，也就是問題發生的源頭，以最快速度查察出危機案件中的關鍵人地物、配合時間軸重建敘事情境，尤其需要針對問題發生的環節，提出鉅細靡遺的相關科學證據或專業人士證言，能否全盤掌握案件事實，是危機處理成敗的關鍵第一步。

　　必要時，更需要針對問題發生的環節過程，進行內部沙盤推演、甚至是模擬各方媒體或是社會大眾可能會提出的尖銳問題或惡意詰問，以求準備周全。

🔍 品牌危機處理關鍵：工作紀錄

危機處理訊號出現時，多半是以一個問題的姿態，又或者是一個隱晦的徵兆，而無論是怎樣的訊號方式，通常首要動作就是查出發生問題的原因，此時，企業經營的日常基本功——工作紀錄，便成了能否有效追蹤與找出成因的關鍵。

如果是工廠，原料檢驗、生產紀錄與異狀報告、廠區資格審查與定期檢驗、品管報告、批次商品的檢驗報告與留存樣本；如果是品牌商品，工作流程與對話紀錄、客服紀錄、客訴報告，甚至是物流品質；如果是服務業，服務流程、服務滿意度調查、客服與客訴報告；尤有甚者，避免有心人士的竄改或死無對證的指控，企業更應多方備份相關資料，如企業資料庫、員工電腦紀錄、與客通聯紀錄、攝錄影音紀錄等。

透過每日單點的詳實記錄，便能連結成為各部門運營的制度規範與標準作業流程（SOP），持續優化並整合為

企業內部的全流程管理系統（CROSS-SOP），再輔以查察內部異常數據或品質的預防機制，及全時監測全媒體與輿論口碑的監測系統，將能有效建立品牌公關危機事件的全方位防護網。

外部顧問：
為企業安排例行性健康檢查的家庭醫生

　　除了公司內部的工作紀錄能夠為將來的危機處理奠定成功基礎外，企業擁有各領域的專業人士與外部顧問，也是在危機處理過程中不可或缺的夥伴；普遍來說，公司須具備對企業經營相關法律或產業行規有一定的認識，如：一般刑民法、財會稅法、人資聘僱等、乃至於專業獨特領域的獨門知識，如商品標示、廣告不實、第三方檢驗、醫學、化學、食品安全法、甚至是因應疫情而生的「嚴重特殊傳染性肺炎防治及紓困振興特別條例」等全新法制，企業都需要因應市場變化，與時俱進。

　　如此多元的需求，企業當然無法盡數全收，更不可能是將整個專業顧問團全員雇用於企業內部，而是建議採取例行性（固定頻率與時數）或是案件型（case by case）的合作方式，一方面可藉由外部顧問來為公司導入最新的專業領域知識，並且透過固定頻率的會議，針對內部組織進行健康檢查，以求防範未然之效。也因為日常便已與各方專家顧問建立關係，顧問也熟知企業內部情況，當突發危機事件發生時，顧問也能立刻進入狀況，提出臨門一腳的致勝見解，逆轉戰局。

Relationship of stakeholder
利害關係人的微妙關係

　　由於危機處理案件的程度，可能小至個人小賣家C2C的品質問題，大到上市櫃公司品牌形象牽動廣大股民權益，甚至是國家形象一夕崩塌，進而影響到國家之間的競合關係。也因此在危機處理的內層，品牌聚焦於找出問題起源與建構事實真相；在外層，則需要謹慎處理相關利害關係人間錯綜複雜的微妙關係，以及同步評估本案對利害關係人將可能造成的影響，而主要相關的利害關係人有政府、非營利機構、董事會與投資人、公司同仁、股民、上游供應商、下游協力商、媒體、消費者等。而根據不同的事件內容，各有不同的利害關係人涉入其中，箇中利害關係常常左右危機處理的成敗，品牌主理人不得不微妙處理。

🔍 總是禍起蕭牆的利害關係人

若簡單將利害關係人分類，大致可依內外部關係與業務連結性加以歸類：

內外部／業務連結性	強	弱
內部	公司同仁	（董事會與投資人）
外部	上游供應商 下游協力商 消費者	政府 媒體 非營利機構 （股民）

其中，我們同步先將數量占比較低的大型企業，如上市櫃企業，其獨有的利害關係人以括號隱去，將所有企業都會面對的利害關係人羅列出來，你將能看到整體利害關係人的光譜深淺，而這張圖也能讓品牌主理人一目了然在利害關係人的強連結，配合公司經營流程排序，即為「上游供應商」→「公司同仁」→「下游協力商」→「消費者」，回看近年來沸騰一時的品牌公關危機處理事件是不

利害關係人譜系（內外層）

是也多半出於這條內層譜系的不順呢？

🔍 千錯萬錯都是品牌的錯

　　而從這條主要的利害關係人物鏈中，我們不難發現品牌能夠操之在己的部分其實不多，但當危機出現時，所有人又會將苗頭直接指向品牌，譬如年年成長率飆升的台灣

電商產業，近期就因為品牌購物網站的上游系統供應商屢遭駭客入侵，詐騙集團透過竊取而來的消費者個人資料與購物資料，進行周而復始的詐騙行為，對品牌形象的損害早已無法計算，尤有甚者，品牌主理人得為此跑上警局與法院，甚至是被迫償付消費者遭受詐騙的金額。

下游協力商也常常讓品牌無言吞黃蓮，扮演最後一哩路的物流商，有時因為大型節慶而產生的物流大塞車情形，如：雙十一、端午、年節年菜時，也讓品牌在極短時間內面臨極高的客訴率，甚至是公關危機風險，品牌在安排相關行銷檔期時，不得不同步考量，避免得了業績，卻蒙受品牌形象的損失，得不償失！

🔍 當利害關係人產生利益衝突時

除了利害關係人對於自身品質的疏於把關，進而造成品牌信任危機、形象受損外，另外可能發生的情形則是同在一圈的利害關係人，彼此間的利益衝突；譬如公司策略

或發展方向與非營利機構倡議有所扞格不入，乃至於政府政策法令的調整方向或速度過激，都有可能造成利害關係人間的利益衝突，品牌深陷其中，務必靜觀其變，於異中求同，求取彼此利益的最大公約數。

危機處理的關鍵核心，其實就是人與人心

雖說，外部利害關係人往往讓品牌遭受無妄之災，但其實大多數的危機事件都是起於公司內部，甚至就是因為同仁的舉措不當所引起的。商品沒有問題，但卻在服務態度上出了大問題，進而問題延燒成危機事件，多麼得不償失。

另外，從過往公關危機事件裡的文字中，我們發現「慣老闆」常常都是榜上有名的關鍵字，也因此雇傭關係，甚至職場不當的交往關係，也常常讓企業不自覺暴露在高度風險中。

Smart response
機靈聰敏的回應

　　實際上，公關危機處理從來就沒有所謂第一時間的回應標準，到底第一時間指的是第一個小時，還是第一天？所以面對回應的態度必須夠 Smart，如果有把握在四個小時內將相關資訊整合完畢，建議可直接對外公布舉辦統一記者會的時間，如事件發生的當天下午或是隔天上午；如果無法在四個小時內準備完成，建議可先提出初步資訊，例如已確認無誤的事實內容與相關素材，讓關心此事的媒體能夠回報進度，也同步讓消費者知道品牌已著手處理，避免資訊不透明的情況造成市場恐慌或是對品牌信心潰散。

　　而在發布聲明或公開記者會的後續溝通策略，要由危

機處理小組加以預測，若判斷相關事件將持續延燒，建議可建立對外溝通的固定節奏，如台灣在疫情期間，中央流行疫情指揮中心每天下午兩點固定舉辦的最新疫情說明記者會，便是在危機處理期間建立溝通節奏的最佳範例。危機處理過程中與各方媒體的溝通就如同打乒乓球一般，只要節奏明快便能建立有來有往的深厚默契，在這場以球會友的活動中，本就無需輸贏，唯有創造多贏，方為公關上策。

危機處理下聰敏回應的基本功

　　既然沒有明確規定所謂的第一時間的標準，那又該如何知道何時是對外溝通回應的時機呢？以下的「危機事件處理回應資料檢核表」，將有助於企業與品牌判斷自己是否已經準備好了？ Ready for Media and Public.

危機事件處理回應資料檢核表（WH 表）		
關於事件	企業作為	回應方式
When 何時發生	When 何時得知	When 何時公開說明
Where 在哪發生	What 從知悉到現在做了什麼	Where 在哪說明
What 發生了什麼	What 還有什麼正在進行或未來會做	Who 誰來說明
Why 問題成因	How 如何負責	What 說什麼
Who 當責是誰	who 誰來負責	How 立場與態度
Who 誰受影響		With 偕同夥伴與關鍵事物
How 影響程度		

　　危機處理事件的公開說明時間，建議是在掌握一定的相關事件資料後即可召開，但由於危機事件有其時效性，媒體與大眾也無法久候回應，建議最慢不能拖過隔日，精準來說是儘可能在十二個小時內，對外提出企業相關回應內容，譬如今日上午十點知悉的危機事件，最慢不要超過

隔天中午前回應，如已對事件有一定掌握度，則可於當日下午兩點至四點間對外說明，以利電視媒體安排當日晚間新聞，同步網路媒體便會發即時新聞，平面媒體則會酌情安排隔日見報曝光。

如果事發突然，企業無法立刻回應，需要更多時間收集資訊，則建議可以簡短聲明提供給主動關心此事的媒體們，內容無涉事件敏感情節，僅說明企業也正在了解狀況中，並將於何時何地正式對外說明。這部分做法，除了是為企業爭取更多時間外，更是要讓記者朋友能夠盡忠職守他們的媒體第四權角色，同步讓關心此事的消費者們知道企業有意願面對問題，而非推諉卸責不願面對。

而在了解事件來龍去脈後，同步也會決定對外說明的形式，一般而言，可以分為公開記者會與官方聲明稿，兩者各有適合情況，企業可依當下情況判斷何者為佳。一般而言，如果事件內容簡單，或是不涉及企業經營層面，企業可能採取的方式是於官方網站上刊登相關事件聲明稿，如果僅為單純部門事務，如生產供應不及、行銷活動調整

之類的則有可能僅透過社群網站公告周知，而不會登上官方網站版面。

　　如果是面對相對複雜的危機事件，內容與企業經營高度相關性、消費者牽涉層面甚廣，或是有可能觸犯法律底線，這類型危機事件早早便可預期媒體抱持高度興趣，並有可能深挖議題，無限開展，則建議企業做好準備，以公開記者會方式回應媒體與社會大眾期待。

　　記者會要說什麼，「關於事件」與「企業作為」是資訊來源與溝通主軸，但難處不僅僅是講什麼，同時也要決定誰來講（Who），又該如何講（How），誰是記者會上的主要發言人，又該秉持怎樣的企業立場與解決態度來面對，都是成敗關鍵。

- 如果自認沒錯，卻被輿論推上風口浪尖，硬是得給個交代！
- 如果是無端受累，得為錯不在己的事情出來說明甚至扛責！

- 如果真的出包，是否就得低頭認錯，跪地求饒，任
  人宰割？

　　一般而言，創辦人身為主帥都會親上戰場，但是這並
非唯一良策，並不是每位創辦人都能言善道，應對有度，
若未能善加練習，場上緊張失言，都可能為本就舉步維艱
的危機處理再添風險。

　　因此建議企業應就記者會上的工作預先加以專業分
工，專業問題交由專業人士負責，如法律問題交由律師說
明，生產製程或服務流程則可交由負責主管說明，主帥可
於記者會開頭先行致意，再交由各內容負責人發言，最後
再由自己做一總結，並開放現場媒體提問，讓記者朋友能
有自己想要得到的新聞素材以利後續發布。

　　切記不要將發言的重責大任硬掛在某特定人員身上，
譬如過往社會出現重大企業危機事件時，時常看到在記者
會上照本宣科，大讀法條的鐵面律師，或是上市櫃公司在
例行法說會上，由財務主管宣讀千篇一律，卻無法引起共

鳴的新聞稿。過度簡化了企業與利害關係人間的關係，無疑是矇眼過河，步步驚心。

同時需要注意的是，在爆料事件的情況中，記者多半已先聽取爆料者的說法，在經過自己主觀認知後，很容易會用預設立場的方式發問，往往這類問題都是直搗核心，甚至是不甚客氣的質問攻訐，但因為一問一答之間並無緩衝，若不慎發生企業立場鬆動或是手頭資料不足的狀況，就很容易造成後續報導偏頗失真，也因此在回答上不可不慎。

如預期現場情況複雜，較難控制，亦可事先安排主持角色與現場工作人員，以求順利推進流程，並防止突發狀況或衝突情事產生。

掌握節奏，便能拿回主導權

正常來說，單一危機處理事件僅會舉辦一次公開記者會，也因此若評估危機事件延燒可能性不大，可直接於記

者會統一說明事實內容並充分回答媒體提問後，最後言明後續將交由相關單位處理，不再對外發言，就如過往常聽到的：「本案已進入偵查程序，依據刑事訴訟法第 245 條及偵查不公開作業辦法等規定，後續不便對外發言，還請各位媒體朋友見諒。」便是品牌主理人掌握節奏，拿回主導權的公關策略之一。

除此之外，在整個危機處理過程中，也有幾個關於溝通的重點建議：首先，「一次說完該說的，而且不只有說一次」意思是由於對外公開說明只有一次機會，因此請做足準備將該溝通的重點一次說明，而且在整個過程裡持續聚焦重點，切勿失焦或是跑題亂答造成另闢戰場；其次，「一個企業應明確規定只有一個人能夠代表發言，並且只能說出前後一致的話語」這是要避免在危機處理的高壓情況下，媒體記者乃至酸民網軍等為求搶得流量，見縫插針，捕風捉影，造成社會大眾的不當臆測與信任崩盤，因此在危機處理的初期，企業就應下達全面封口令，以避免相關利害關係人未經授權發言橫生枝節。

　　「回應也不是有求必應」在回應各方問題時，還是要秉持就事論事的原則，就該事件內容有所掌握的事實證據發言，若遇到沒有把握或是尚未查證的問題，切記不能硬答胡謅，以避免後續被打臉的失信風險；當下則可以客氣回應：「這個問題我尚未掌握相關訊息，為避免草率回應造成誤解，我將於稍後確認後回覆您。」

　　最後，企業發言絕沒有「只是聊聊」的說法，公開記者會前後，記者朋友常常會湊著創辦人或是發言人身邊，嘴邊掛著「我們先聊聊啊」、「只是先了解一下狀況」、「私下聊聊沒關係的啦」、「機器還沒開，沒有錄音（影）別擔心」諸如此類希望卸下心防的話語，如果公司代表一時不察，卸下心防向媒體朋友大吐苦水，甚至是隨口說出的玩笑話梗，就成了明天的頭版標語，到時再後悔自己輕忽大意也無力回天了。

Organizer & Operator
組織戰：危機小組與決勝操盤手

企業能否從危機事件中全身而退或是逆轉勝的重要關鍵，在於企業是否能夠快速組建起自己的英雄戰隊，亦即危機處理小組的成員將左右戰局發展。

🔍 組建企業危機風暴下的「復籌者聯盟」

「復籌者聯盟」顧名思義：「復」，就是能夠快速復盤，找出問題所在的調查組以及後續行動方案執行時，能快速幫助企業回復元氣的執行組與布達組。「籌」則是在事件過程中能夠不受阻礙，火眼金睛看出我方優勢籌碼的執行祕書，以及能夠直接籌得外部資源的公關組、外部顧

問與企業利害關係人等。而總召身為操盤手，平日便應多
方請益，招兵買馬，以求早日籌備完成企業專屬的無敵戰
隊。

　　面對危機事件突發而至，危機處理小組的階段性成果
就是要決策行動方案，並以具體的文稿內容對外聲明，但
往往在聲明稿內容公開後，卻總是引來更大的波濤洶湧？
套句俗話就是提油救火的豬隊友。究竟其中出了什麼差
錯？又該如何鋪陳一份文情並茂的聲明稿呢？

法律是經營企業的最低底線，
認錯、負責、改善是重生的三大鐵則

　　若將聲明稿的溝通內容以「情理法」層次來做分析，
最底層應是法律規範，意即法律應該是企業或品牌行事的
最後底線，若企業行為違法則無需辯解，依法行政，該罰
就罰，對企業最好的危機處理策略就是「認錯」—「負
責」—「改善」，但如何認錯也是一門藝術，總不行在媒

體前演起衙門認錯，自洗門風的狗血戲碼吧？

　　既然有錯要認，那就該把造成錯誤的原因好好說明清楚，這時先前整理的事件全貌與相關資料，便是能夠重新建立起信任的關鍵，除了事件緣由，更要說明因犯錯而造成的問題，影響範圍為何？在利害關係人中是否除了直接受害者外，還有對其他人造成影響，如消費者、公司同仁、上下游廠商與股民等。

　　此外，企業既然決定認錯，就不要在說明的過程中讓社會大眾覺得企業在推諉卸責，試圖轉移焦點，因為認錯是第一個信任的基石，而在此基礎之上，企業勇於認錯負責，針對所有受影響的人士，提出合情合理的賠償方案。

🔍 賠償，重點不在於提出物質條件的多寡，　而是心靈層面的同理。

　　心理層面的同理，可以從幾個層次來談，整體來說，我們應該要設身處地，改用遭受影響的人角度來看待：我

是否因為企業的疏失錯誤而造成什麼損失？而怎麼樣的彌補能夠讓我感覺（心情）平復？

▶生理型賠償

如因為企業疏失而造成員工的勞動條件惡劣，或是施工造成擾人清夢，這部分的賠償方式就應該是承諾將立即改善，並針對過去受影響的範圍，提出溯及以往的一次性補償。

▶安全感型賠償

倘若是會造成消費者使用後持續不安感的問題事件，如：食品與用品安全、環境安全、甚至是藥品療效或效期問題，由於消費者當下並不知道有問題的產品會不會影響身體健康或是造成當下無法察覺的後遺症，則應除了一次性補償外，更應該持續關懷消費者身體狀況與階段需求，企業應密切觀察相關發展直到觀察期後或是消費者主動告知已無需追蹤後，方能放心結案。

▶感受型賠償

　　但若問題出現在非商品層面，也就是說商品本質並無問題，但伴隨的服務出了問題，這部分往往就牽涉到消費者的尊嚴，也因此消費者需要的不會是物質條件的賠償，而是事關臉面與尊嚴受傷的感受問題，此類事件的處理就需要巧妙回應與應對手腕，雖說企業經營理當堅持不卑不亢的正向態度，但仍需在以客為尊間尋找到平衡點，而這也是需要不斷積累經驗的。

　　從這幾類事件的處理邏輯看來，危機處理的基本要件其實不是符合法律要求，企業合法合格只是經營的最低底線，也因此聲明稿的內容不應拘泥於證明企業相關作為於法有據，整場記者會僅以宣告企業無罪作為主要訴求，這並非消費者所期待看見的回應。

　　也常常看見聲明稿內容看似以理性分析口吻溝通，透過與異地異國案例相行比較，希望在地無痛接受，譬如別的國家地區都是這樣做的，希望在地消費者能夠照單全

收；或是以前這樣做就可以，為什麼現在不行，諸如此類看似有理的強推，實則對在地無理也無禮，當然這樣的聲明稿出去也只會引得一片輿論撻伐。

尤有甚者，發言前輕忽了相關議題背後其實牽動著無數群體的敏感神經，如政治、種族、性別、宗教、認同、弱勢等，如品牌在對外溝通內容中沒有多加考慮特定族群對相關議題的情感連繫，便會讓品牌落入冷酷無情僅為一己私利汲營的奸商模樣。

社會觀感，其實就是消費者與大眾市場的價值觀與感同身受，企業品牌若能洞悉明辨，自然就能依法理情層次，寫出符合社會大眾期待又文情並茂的聲明稿。

歡迎來到新世代的媒體戰
——社群、論壇與爆料文化

在危機處理過程中，除了社會觀感層面時常被忽略外，企業也多自以為理解台灣媒體的運作模式，但其實各

方媒體與流量匯集之地，往往就是企業危機事件的產地與
育成中心，可惜台灣企業對媒體爆料文化與在地流量演進
史多半一無所知，當危機上門時，卻已發現自己身處於四
面楚歌、滿地烽火的窘境中。

　　台灣的爆料文化約從二十年前開始發展，首先敲開民
眾眼界的是 2003 年成立的《蘋果日報》，其可說是台灣爆
料文化的始祖，乃至社群網站 Facebook 在台逐漸嶄露頭

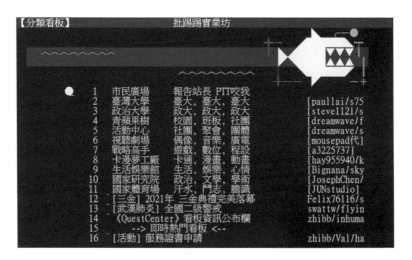

批踢踢實業坊，簡稱批踢踢、PTT，是一個台灣電子布告欄
（BBS），網路言論自由文化的孕育地之一。（圖／截自批踢踢實
業坊）

Dcard 原只開放大學生註冊，現已是超過百萬會員的大型論壇。
（圖／截自 Dcard）

角，聚積庶民流量，成就第一波的自媒體網紅，2014年爆料公社成立Facebook社團，挾帶著百萬團員，快速開設各類主題分社，藉以吸納全台有志難伸、有料想爆的市井小民，成就台灣新一代公民記者的嶄新模樣。

同期，號稱台灣版的Facebook － Dcard於2011年成立，本來是僅限於台政大同學的實名制交友網站，卻無心插柳開啟校際間議題的討論，隨著討論版如雨後春筍般應

運而生後，其已成為下一代的批踢踢（PTT）。

後於 2021 年，Dcard 正式開放一般民眾註冊，邁向全民經營之路，並且其流量已達全球前五百大，台灣前十二名，更勝過多家台灣媒體排名，其流量地位不容小覷。

也因為龐大流量匯集以及全時更新的獨家報導素材，台灣媒體逐漸養成了向「社群網站」與「論壇」找題的習慣，也藉由 Post=Reader 的同位模式，即日常閱聽人也可以是 Po 文者的同位形式，讓 Post 能在成為新聞前就經過市場考驗，也讓媒體記者們能夠「見好就收」，也就是在相關網站上看見火紅的「爆文」，便挾廣大網友之力，將爆料內容送進新聞台內，成為下一個獨家踢爆新聞。

一夕之間，各大論壇的當日熱門話題，成了爆料新聞的保送班，企業若有幸在成為爆文之前即時攔截立即因應，便能免去一頓危機處理竹筍炒肉絲，但若讓公司問題在社群網誌與論壇內熬上幾日，到時挾帶廣大民意，加上一鍵分享到無遠弗屆之處，就真的是烽火連三月，無從救起。

　　俗稱星星之火可以燎原，在台灣媒體爆料文化內一覽無遺，或許有的企業對此不以為然，甚至會覺得這些在網路上四處放話點火的人，不是自己的消費者，不是品牌的目標市場（Target Audience），根本無須理會，但事實上這群人雖沒買過你的東西，不是你的客人，但他們卻有能力讓你的客人不再買你的東西。

🔍 問題真實存在，不是不去面對就不用害怕

　　伴隨危機事件發生的媒體戰爭，正在日新月異變化著，身為企業領導人與危機處理小組的總召，若未能深刻體認社會觀感與新世代媒體戰的多變，勢必無法安然從成長必經的危機事件中全身而退，尤有甚者，竟以鴕鳥心態看待市場變化，以為不看不聽就不會有事，殊不知企業苦心經營多年的品牌早在社群論壇上飽受霸凌，眾多競爭品牌趁機爭相撻伐，品牌負面口碑一旦樹立，便是時時刻刻在消費者心裡持續損傷品牌形象，最後遭到市場揚棄，也

只是遲早的事了。

🔍 運籌帷幄，制敵機先，兵貴神速，援枹而鼓、居安思危

　　總而論之，企業應系統性建立可一覽戰情的制高點，透過全流程管理系統（CROSS-SOP）與媒體及輿論監測雙系統，有效預知企業內外環境異常之處；若發現危機事件或競爭品牌伺機而動，則可第一時間以快打部隊示警對方，此處我方早已駐兵防守，切勿輕舉妄動；若察知危機事件發展不甚樂觀，則可立刻召集戰隊，以危機處理小組方式團體作戰，專業分工各司其職，全面控制事件進展。最後，若危機事件安然落幕，應戒慎恐懼，持續優化企業體質。

Scout & Review
偵查變化並自省改善

　　從危機發生時，甚至是預知危機即將發生時，品牌就該全方位偵查與監控事件發展方向，縱使評估風險後，決策不予回應，仍要持續觀察市場消息與論壇風向之變化；如決議跟進事件發展，積極回應後也不能掉以輕心，務必亦步亦趨切實執行到最終各方圓滿之時。於此過程中，可同步執行改善計畫，實質改善品牌缺失之處，以免重蹈覆轍；做好準備，待時機成熟，便能重新與媒體及市場溝通品牌優化階段成果，反轉劣勢的同時也能再造品牌形象。

偵查事態，制敵機先

　　原則上，偵查有三大方向：各式媒體、社群論壇與競

爭品牌。媒體主要聚焦於電視媒體、平面媒體與網路媒體，基於它們各自的屬性不同，因此在危機事件裡所扮演的傳播位置也有所不同；輿論則多半聚集於社群網站與論壇看板內，網路流量如水，變化無形，卻又往往在危機事件中扮演關鍵角色，有時是源頭爆點，有時則是育成孵化或推波助瀾的匯流者。

　　除了應偵查重點媒體與社群論壇的熱度變化外，同步也需要觀察此次事件是否有人為痕跡，有時競爭品牌為求上位，可能會以匿名爆料或是購買假新聞的方式藉以攻擊同行，市場競爭日趨紅海，割頸之爭時有所聞，所以當今企業不得不多加提防；在危機處理過程中，也時常會看到藉機蹭流量的品牌或小編，也提醒大家流量如水，水可載舟亦可覆舟，如果想要跟風敏感議題，還是建議事先評估後審慎為之。

真實改善才能創造正向循環

　　每次的危機事件，其實都是對企業做了一次健康檢

查，在面對健檢報告裡的滿江紅數字，你會正視問題的存在，還是做完就算地把它丟一旁呢？如果在每次危機事件發生後，企業都不願面對問題、找出成因加以改善，那就是辜負了上天給我們強化自己的機會，反之，若我們有幸得以從每次的危機中學習，就像身體一次次抵禦病毒的入侵，將會讓自己更具備抵抗力，整體運營能力也會更加提升。

也因此，在每次危機處理的過程裡，我們應當虛心以對，事出必有因，針對問題發生的原因與流程加以改善變革，將有助於企業不會重蹈覆轍，同步建置全方位外部監測系統與危機預防機制，以利未來在危機萌芽的初期，便能先發制人。

在危機事件的過程裡，品牌主理人要盡可能減少負面新聞曝光，甚至是讓不實報導下架消失，但切記不要急於表現，讓子彈飛一會兒，待輿論平息後再行安排；但這段時間並不會空過，企業唯有真實改變，才能讓消費者有感改善，有感也才能再次產生連結，再次信任，再起東山。

CHAPTER

3

" 台灣企業
公關危機案例分析
CASE STUDY "

高人為產業——
餐飲服務業

🔍 CASE 1 富王鴨肉
外送員衝突事件導致關門大吉

▶品牌簡介

富王鴨肉專門店位於台中市北屯區,事件發生當時為開業即將滿一年的店家,由於鴨肉美味、價格平實,頗受當地小資族歡迎,Google評價4.8顆星。

▶問題源起與事件發展

2021/01/02,由於富王鴨肉專門店的現場內用客人和外送訂單爆滿兩頭燒,當時一名女外送員因等候過久,與

王姓小老闆爆發口角衝突，王以「等毛長齊再出來講話」等字眼開嗆，女外送員不甘受辱，在臉書社團「爆怨公社」發文並將影片上傳，整起事件引起網友公憤，快速在網路炎上。

有網友呼籲「大家一星負評刷起來」，紛紛到該店的Google評論給一星，讓富王鴨肉專賣店一度達到1.1低分，原本的臉書粉專、Google頁面也一度遭關閉下架。還波及其他店名相似的鴨肉店。

當時還有案外案，雖然原本的臉書粉專關閉，卻一天內突然冒出六個以上的同名臉書粉專，與粉絲留言開嗆，一夕之間爆跌剩1.1顆星的Google評論，被店家緊急關閉，重新開啟後，原本湧入的近一萬則一星負評幾乎消失，又恢復到4.8顆星。

而實體店面在事件發生後便大門深鎖，遭人檢舉門口的攤位餐台占用騎樓等，台中市第五警分局北屯派出所前往張貼路霸違規通知書，告知已違反「道路交通管理處罰條例」第82條第1項規定。

2021/01/02
富王鴨肉小老闆與女外
送員衝突女外送員於臉
書社團爆怨公社發文上
傳影片

2021/01/04
冒牌粉專出現與網友互
嗆店家關閉評論負評消
失重回 4.8 顆星

2021/01/03
網友群起刷負評原本 4.8
顆星降至 1.1 顆星並波及
其他相似店名的鴨肉店

2021/01/04
相關單位
開單舉發路霸

　　神隱多日的王姓小老闆直到 2021/01/09 才出面召開記者會鄭重道歉，短短十五分鐘記者會，鞠躬十三次。女外送員被問到是否原諒王姓小老闆，明確表示「沒有，提告到底」。

　　2021/01/13，店門口貼出「頂讓」紅單，接著 2021/02/04，王姓小老闆因不遭網友抹黑，委請律師對三十名網友提出誹謗告訴，

　　2021/08/16，全案經台中地院審結，法官以不思理性溝通解決，竟以加害身體之事恐嚇、公開以不雅言語貶抑，依恐嚇危害安全罪判他拘役三十日，如易科罰金以新台幣一千元折算一日為 3 萬元，仍可上訴。

/01/09
記者會

2021/01/13
店面頂讓

2021/08/16
小王老闆依恐嚇危害安
全罪判拘役 30 天

2021/01/09
女外送員表示
沒有要原諒
將提告到底

2021/02/04
小王老闆針對 30 名網友
提出毀謗告訴

　　針對危機事件，我們可以先使用危機事件風險程度評估表，先為發生的危機事件進行風險程度的測量，透過早期的預測，將有助於後續安排適當資源。而於本案例中，我們亦可先用此評估表作一個前測：

▶ 問題本質是否挑戰企業核心或基本價值，造成期待落差

　　本次企業所發生的問題主要是店家的服務態度惡劣，並針對女性外送員口出穢言，甚至是威脅傷害。就餐飲服務業本質，本就應該以客為尊，外送員催餐也是為了不讓消費者久候，遭到店家無理對待，實在是違背了餐飲服務

業的基本價值，也辜負了顧客的期待。

▶企業對該問題演變成危機事件的前因後果是否精準掌握

就相關資訊而言，本事件涉入主角即為該店小老闆，因此就現場的真實情況應是非常了然於心的，另，問題發生後當日，受害外送員即於相關爆系社團發文踢爆，危機事件就此開戰，因此事件是以非常快速的節奏向下發展，店家皆能親眼所見。

▶針對該問題本質與危機事件，媒體關注的偏好與輿論傳播速度

本次危機事件的傳播方式是由社群網站的爆系社團開始的，貼文內的影片由於已將所有過程真實的記錄下來，因此在公布後，裡頭店家囂張的態度與不雅的穢語，引起了廣大網友的迴響，尤其相關言語霸凌還涉及性別歧視字眼，因此自然一發不可收拾，同步成為全媒

體追逐的焦點。

▶該問題造成影響的人數多寡或範圍大小

本事件中的受害者為一名女外送員在領取店家外賣餐點時受到的不禮貌對待，但卻因為事涉性別霸凌的敏感議題，也因此讓女性消費者相對更為關注事件發展，此外，由於近年台灣外送市場蓬勃發展，因此這樣針對外送人員的欺凌行為，也牽動為數眾多的外送從業人員敏感神經。

▶危機事件是否仍在持續惡化中

問題發生於 2021/01/02，由於店家並未有相應措施，導致網路群起延燒，甚至出現冒牌粉專，企圖延伸事端，不讓店家低調息事寧人，尤有甚者，相關政府單位也接到檢舉電話，進而前來取締開單路霸問題，店家一直到一週後的 2021/01/09 方才舉辦道歉記者會，但仍未獲得當事人原諒，事件持續延燒未果。

　　整體而言，本事件依「危機事件風險程度評估表」內指標，應可推定為高風險危機事件，而後，我們再來一同看看本次事件處理中相關資料的整理檢核，這將有助於讓我們一覽事件的數個關鍵點，是否都有妥善適切的作為。

📢 凱爺解析

危機事件風險程度評估表（風險評估：中高級）	
★	問題本質是否挑戰企業核心或基本價值，造成期待落差
▲	企業對該問題演變成危機事件的前因後果是否精準掌握
★	針對該問題本質與危機事件，媒體關注的偏好與輿論傳播速度
★	該問題造成影響的人數多寡或範圍大小
★	危機事件是否仍在持續惡化中

本事件處理方式是否符合心法建議？

▶ **Pursue the real fact 追本溯源，掌握事實**

本事件由於並非食安問題，問題的發生其實就是在店

家前方，關鍵事證即為店家所裝的監視器，對應女外送員的密錄器，自然能夠完整重現當時情況。若能配合現場製作餐點的出單紀錄，即可確認當日店家是否故意惡性拖單，還是真的遇到出餐熱門時段導致的等候時間拉長。

▶ Relationship of stakeholder 利害關係人的微妙關係

利害關係人譜系（本事件受影響範圍）

　　從本危機事件內受影響之利害關係人範圍看來，問題起因於公司同仁與外送員間的衝突行為，外送員即為利害關係人中的下游，外送員受辱後將問題放上爆系社團，直接引爆危機事件，同時牽動了媒體關注與市場消費者的觀感問題，隨著網民的炎上行為帶動了政府單位前來稽核，也對經營產生了正面影響，最終當事人鬧上法院，店家為求避風頭只得歇業，並決定對網友提告，這可謂是最慘的多輸局面。

▶ Smart response 機靈聰敏的回應

　　從「危機事件處理回應資料檢核表」來看，問題發生於2021/01/02，店家卻讓戰火延燒，到一週後的2021/01/09方才舉辦道歉記者會，小老闆面對數十家媒體包圍攻訐，對於要向媒體表達的內容，也因緊張而導致無法清晰表達，甚至有落詞反覆的窘況出現；之後面對媒體的接連提問也無力招架，文不對題，造成所謂的道歉記者會無法達到平息眾怒的效應，也因為最關鍵的受害人並未

接受道歉，反而讓事件持續延燒，再一次引起網民議論。

▶ Organizer & Operator 組織戰：危機小組與決勝操盤手

　　從道歉記者會中小老闆的發言內容，大致可以得知店家對於舉辦記者會的目的，應就僅限於「道歉」，甚至可能認為只要鞠躬道歉，加上簡單講幾句官方台詞就能平息眾怒，危機也就能雲淡風輕，低調落幕。但道歉事實上不是簡單的作為而已，依照書中心法裡提及的三大鐵則：「認錯」、「負責」、「改善」來分析。

　　認錯：店家應該對自己的錯誤有清楚的認知，除了對女外送員的不當態度是大錯，另外針對可能導致拖餐延宕的流程與系統應該全面檢討。

　　負責：對於造成女外送員的心理創傷與壓力後遺症，應誠懇尋求當事人的原諒，而非在媒體前多次鞠躬道歉，卻連面對面向受害者道歉的誠意與作為都沒有。

　　改善：除了檢討出餐流程的相關問題外，更應該針對

危機事件處理回應資料檢核表（WH 表）		
關於事件	事件內容	企業作為
When 何時發生	2021/01/02	When 何時得知
Where 在哪發生	店門口	What 從知悉到現在做了什麼
What 發生了什麼	店家無禮對待外送員	What 還有什麼正在進行 或未來會做
Why 問題成因	小老闆態度問題	How 如何負責
Who 當責是誰	企業本體	Who 誰來負責
Who 誰受影響	女外送員	
How 影響程度	從個人，延伸至外送從業人員的職場霸凌，乃至於全體女性或是關注平權的族群	

事件內容	回應方式	事件內容
2021/01/02	When 何時公開說明	2021/01/09 道歉記者會
• 暫停營業 • 關閉 Google 評論	Where 在哪說明	店家門口
記者會後 • 店面頂讓 • 後續向網友提告	Who 誰來說明	店家小老闆
新開店之單日 所得捐作公益	What 說什麼	背出聲明稿之內容： • 公開向女外送員道歉（但未獲其正面回應） • 對於這樣的錯誤示範向社會大眾道歉 • 重新出發會捐出開幕當天的營業額 • 聲明其他的六個粉專並非店家所為 • 暫未有向網友提告之想法（但後來告了）
企業本體	How 立場與態度	針對錯誤示範向社會大眾道歉
	With 偕同夥伴與 關鍵事物	律師陪同小老闆 面對眾多媒體

店家所有同仁進行客戶服務與性別平權的相關教育訓練，力求此類事件決不再犯。如此作為之下的道歉，才真的是具備誠意與內容的道歉，自然也較能為大眾所接受。

▶ Scout & Review 偵查變化並自省改善

從店家回應的內容看來並無法知悉相應的改善措施，但對於大眾來說，從事件發生後就歇業，在記者會中又說要再開，還連帶承諾到時的開幕所得要捐作公益，這無疑是種話術上的轉移焦點。如果歇業是種負責任的表現，大眾可能更想要的表現是真實認錯，獲得原諒並且切實改善，決不再犯，而非關店再開，然後以所得捐作公益作為良善的表現，這種綁架公眾好感的方式實不可行。

CASE 2　鼎王集團
食品安全與廣告不實引爆連鎖效應

▶品牌簡介

　　1991年發跡於台中的鼎王餐飲集團，創始店鼎王麻辣鍋標榜嚴選食材、揉合中國傳統藝術及現代美學的用餐環境，以及90度的鞠躬禮，成為人氣名店，竄紅後迅速展店，除了鼎王麻辣鍋，旗下還有無老鍋、塩選輕塩風燒肉、囍壺人間茶館、閱咖啡等品牌。

▶問題源起與事件發展

　　2014/01/20，台北市衛生局針對常使用鴨血料理的麻辣火鍋、臭臭鍋、涮涮鍋等餐廳進行採樣，發現抽查的二十件散裝鴨血除檢出「鴨成分」外，也檢出「雞成分」，其中包括知名火鍋店鼎王、小蒙牛等。

　　2014/02/26，鼎王麻辣鍋遭《壹週刊》踢爆，業者宣稱以三十二種中藥材及十多種水果熬煮而成的湯頭，竟然

2014/01/20
北市衛生局抽查
鴨血為混血成分
鼎王麻辣鍋名列
其中

2014/02/26
《壹週刊》踢爆鼎
王麻辣鍋底造假

2014/03/02
鼎王麻辣鍋之東
北酸菜鍋，僅用
工研醋，而非宣
傳內說明的天然
果醋

2014/03/0
集團
二次聲明

2014/02/20
衛生局聯合稽查湯
頭工廠，發現無照
勒令停業

2014/02/26
集團
首次聲明

2014/03/05
塩選燒肉宣傳之「塩
之鑽」與製鹽廠並
不存在

鼎王麻辣鍋遭週刊踢爆湯頭並不天然。（翻攝自《壹週刊》）

2014/03/06
無老鍋之無老婆婆
是虛假人物

2014/03/07
鼎王麻辣鍋之結
球萵苣農藥超標

2014/03/10
無老鍋之枸杞驗
出殺蟲劑與
過量農藥

14/03/06
主單位全面
稽查

2014/03/06
閱咖啡咖啡豆來
源不實

2014/03/07
集團
三次聲明

2014/03/15
囍壺人間茶館之綠
茶農藥超標

是用雞湯塊、大骨粉所調製而成。

　　週刊出刊後，執行長陳世明不但召開記者會，親自發出聲明稿，說明湯頭並非用粉泡，而是「熬醬」而成，還強調「我是良心的生意人，週刊報成這樣子，我真的受傷了。」但是事後鼎王卻承認在湯內加了雞湯塊。

　　2014/03/05，鼎王旗下的塩選燒肉再次被週刊踢爆，號稱佐燒肉用的是加入法國松露所製成的「塩之鑽」，但實際上鹽裡並沒有松露成分。執行長陳世明於當天再次具名發表澄清聲明，表示絕無低價採購劣質食材情事。

　　但是鼎王餐飲集團屢次交代不實，已引發台中市政府關注，台中副市長蔡炳坤宣布依法處鼎王麻辣鍋新臺幣

100萬元罰鍰，也對塩選燒肉開罰180萬元。

2014/03/06，台中衛生局再到鼎王開設的「閱咖啡」稽查，發現他的咖啡豆，號稱來自台灣唯一取得國際食品安全管理系統驗證的咖啡廠，結果卻查出，咖啡豆不是台灣製造，而是進口的。同時間，台北市衛生局也主動展開調查，持續派員稽查鼎王餐飲集團台北市所有分店，共計稽查兩家鼎王麻辣鍋、兩家無老鍋、兩家囍壺人間茶館。查獲鼎王麻辣鍋店網站及菜單刊登「麻辣鍋湯頭採用中藥材細心熬製與多種蔬果提味」、「東北酸菜白肉鍋製造過程中加入天然果醋幫助發酵成為蔬果醋」等涉及廣告宣稱不實。而在囍壺人間茶館發現七件中有一件紅茶初抽結果衛生標準不符規定，以及一件頂級綠茶檢出殘留農藥超量，已通知業者立即下架。

最誇張的是，鼎王另一個鍋物品牌無老鍋，標榜是來自日本「無老婆婆」手藝的招牌冰淇淋豆腐鍋，註明湯底有豬骨、蹄筋清蒸去油後，再和老母雞熬煮八小時，沒想到同樣在3月被爆料公司根本沒有進老母雞，只有進貨雞

粉，而且美食作家張瑀庭也出面質疑其冰淇淋豆腐根本就是自製加工品，無老婆婆的傳說只是編出來的故事。

在消保官的要求之下，鼎王於 2014/03/07 提出回饋方案，除了被爆料的品牌消費打八折外，消費者即日起兩個月內，可拿過去一年內在鼎王、無老鍋、塩選燒肉的消費證明，即可兌換外帶鍋底、茶包、大蝦沙拉。

2014/03/10，無老鍋的枸杞被驗出三種含有致癌性禁用農藥，並依「食品衛生管理法」開罰上游供貨商 6 萬元以上、5000 萬元以下罰鍰。

2014/06/11，《周刊王》報導麻辣鍋鼎王因造假事件生意大受影響，連連關店。鼎王集團公關經理梁靜軒出面澄清，鼎王集團旗下各店業績 6 月起業績幾已恢復，業績止跌回升。

2014/11/05，台南北海油脂公司涉嫌混入飼料油，再製成豬油銷往下游廠商、製成各類食品。台中市衛生局進行追查，發現包括知名連鎖麻辣鍋店鼎王等等多家知名餐廳都中標。

　　2014/12底，鼎王負責人陳世明涉嫌詐欺與違反食品安全管理法一案，經台北地檢署調查後，認為湯頭含微量重金屬但未超標，「塩之鑽」等誇大宣傳係廣告不實，開罰380萬元，但不構成詐欺，陳世明獲不起訴處分。此判決在當時引起不少消費者不滿抨擊，認為罰則過輕。

📢 凱爺解析

危機事件風險程度評估表（風險評估：高級）	
★	問題本質是否挑戰企業核心或基本價值，造成期待落差
★	企業對該問題演變成危機事件的前因後果是否精準掌握
★	針對該問題本質與危機事件，媒體關注的偏好與輿論傳播速度
★	該問題造成影響的人數多寡或範圍大小
★	危機事件是否仍在持續惡化中

　　針對危機事件，我們可以先使用「危機事件風險程度評估表」，先為發生的危機事件進行風險程度的測量，透過早期的預測，將有助於後續安排適當資源。而於本案例

中，我們亦可先用此評估表作一個前測：

▶問題本質是否挑戰企業核心或基本價值，造成期待落差

本次企業所發生的問題是鼎王餐飲集團旗下品牌集體出包導致的危機事件，綜觀旗下五個品牌：「鼎王麻辣鍋」、「無老養生鍋」、「塩選輕塩風燒肉」、「囍壺人間茶館」、「閱咖啡」，從表格內可得知每個品牌皆有它的爭議項目，簡單分類後，大致以食安問題與廣告不實為主。

若以餐飲產業來說，核心價值應是食品安全，但「鼎王麻辣鍋」的結球萵苣農藥超標，「無老養生鍋」的枸杞被驗出台灣不得使用的殺蟲劑以及超標兩倍的農藥殘留，「囍壺人間茶館」的頂級綠茶被驗出農藥芬普尼超標三倍，攸關食安的多項出包已嚴重影響商譽。

此外，廣告不實部分，「鼎王麻辣鍋」號稱以三十二種中藥熬製湯頭，實際卻遠遠不到這些種類，更添加了坊間平價的雞湯塊用以調味，另說東北酸菜鍋內使用天然果

醋，實際上僅用了工研醋，「塩選輕塩風燒肉」則宣稱用自家製鹽廠生產的摩洛哥皇室松露鹽，卻被發現根本沒有那家製鹽廠；「無老養生鍋」品牌故事內動人真摯的無老婆婆根本就是虛構的，所謂的祕方豆腐其實是魚漿製品，「閱咖啡」號稱咖啡豆來自台灣唯一取得國際食品安全管理系統驗證的咖啡廠，其實是進口咖啡豆。

諸如此類的各項爭議讓鼎王餐飲集團下的眾多品牌，無一倖免，全數中箭落馬。

▶企業對該問題演變成危機事件的前因後果是否精準掌握

屏除可能因為供應商的管控不佳而造成的部分食安問題，鼎王餐飲集團對於廣告不實的相關問題應是責無旁貸，無從卸責。

鼎王旗下品牌	爭議時間	爭議項目
鼎王麻辣鍋	2014/02/26	號稱天然熬煮湯頭，實際以雞湯塊、味精、粉末混充。
	2014/03/02	號稱添加天然果醋，實際僅添加工研酢。
	2014/03/07	結球萵苣農藥超標。
塩選燒肉	2014/03/05	號稱摩洛哥皇室松露鹽，實際上為普通鹽。
無老鍋	2014/03/06	標榜是來自日本「無老婆婆」手藝的招牌冰淇淋豆腐鍋，被踢爆沒有進老母雞，只有進貨雞粉，且文宣品上傳授祕方豆腐的無老婆婆，並無此人。
	201/03/10	枸杞被驗出 3 種含有致癌性禁用農藥。
閱咖啡	2014/03/06	號稱台灣本土咖啡豆，實際由國外進口。
囍壺人間茶館	2014/03/14	查出有一件紅茶初抽結果衛生標準不符規定，以及一件頂級綠茶檢出殘留農藥超量。

▶針對該問題本質與危機事件，媒體關注的偏好與輿論傳播速度

本次危機事件的傳播方式是由週刊報導，以封面故事爆料開始，由於事涉食安，自然是媒體追逐的焦點，而後一連串政府單位的稽核，再引爆旗下所有品牌的各種地雷，造成全媒體跟進，以及社會輿論炸鍋式的撻伐與抵制。

▶該問題造成影響的人數多寡或範圍大小

本事件中的受害者眾，根據維基百科資料顯示，在2010年時集團營業額便高達10億，並且已有上市櫃計畫，因此台灣市場的消費者多半知悉鼎王餐飲集團旗下品牌，甚至是成為主顧一試再試，相關問題被揭露時，輿論一陣譁然，也牽動了各政府單位的敏感神經。

▶危機事件是否仍在持續惡化中

本次危機事件可說是一連串的問題連番上陣產生加乘效果的最佳展現，由於本事件是先由鼎王麻辣鍋的湯底問

題引發的連鎖效應，與後面各品牌問題被踢爆的間隔時間非常短，各類問題出現時，主管機管業已勒令下架問題商品，集團也同步撤下廣告不實的相關資訊，表面看來是已將危機事件控制，避免惡化。但卻未能向受影響的消費者提出實際的補償方案，這部分在消費者心裡埋下的食安隱憂與不信任感，不得不察。

　　整體而言，本事件依「危機事件風險程度評估表」內指標，應可推定為高風險危機事件，而後，我們再來一同看看本次事件處理中相關資料的整理檢核，這將有助於讓我們一覽事件的數個關鍵點，是否都有妥善適切的作為。

　　本事件處理方式是否符合心法建議？

▶ Pursue the real fact 追本溯源，掌握事實

　　1. 本事件發展中看來，鼎王集團對於問題的掌握速度遠不如媒體記者與政府單位，追溯鼎王麻辣鍋最早的食材問題應是2014/01/20的鴨血成分不實問題，此跡象其實

已透露出集團對食材供應商的掌控度有其風險。

倘若相關採購單位在那時便能有所警醒，或許就能降低一個月後鍋底工廠被勒令停業所帶來的一連串危機風險，當然也就能避免旗下品牌因為食安問題而引起的信任恐慌，如「鼎王麻辣鍋」的結球萵苣農藥超標，「無老養生鍋」的枸杞被驗出台灣不得使用的殺蟲劑以及超標兩倍的農藥殘留，「囍壼人間茶館」的頂級綠茶被驗出農藥芬普尼超標三倍；此外，對於旗下品牌種種的廣告不實，集團本就掌握相關事實，卻放任行銷單位虛構內容漫天撒謊，實在枉顧企業社會責任。

2.企業與上游供應商交易的相關紀錄是爆發食安危機時能夠明哲保身的最後護城河，倘若企業定期針對供應商的食材與製程進行查核，委託第三方專業機構提出檢驗報告，甚至是針對店面的品質管理稽核書，都能讓企業充分掌握經營風險，而非被動的面對暗湧不明的未爆彈。

▶ Relationship of stakeholder 利害關係人的微妙關係

從本危機事件內受影響之利害關係人範圍來看，問題起源於兩者：一是上游供應商的食安問題，二是消費者面對的諸多廣告不實，而這也恰巧是餐飲業最常遇見的兩大類利害關係人問題所在；本次危機事件的引燃點其實是媒體踢爆，而由於事涉食安與廣告不實的敏感神經，進而

利害關係人譜系（本事件受影響範圍）

立刻造成政府相關單位的介入，而後挖出更多旗下品牌（下游門市）的潛藏問題。

▶ Smart response機靈聰敏的回應

從「危機事件處理回應資料檢核表」來看，2014/02/26遭《壹週刊》爆料，當日即發表首次聲明，2014/03/05塩選燒肉再遭週刊爆料，同日台中市政府祭出百萬重罰，集團便立刻發表二次聲明，但相關說明避重就輕，並未針對問題的原因進行詳實說明，甚至對受廣告不實影響的消費者絲毫未表歉意。

如此回應，果不其然造成輿論撻伐，在消保官要求之下，遂發出第三次聲明說明針對消費者的賠償方案，惟消費者信心早已潰堤，業績一瀉千里，2014/06/11的《周刊王》報導便指稱鼎王麻辣鍋因造假事件生意大受影響連連關店，但集團公關回應卻稱鼎王集團旗下各店業績6月起業績幾已恢復，業績止跌回升。

▶ Organizer & Operator 組織戰：危機小組與決勝操盤手

從集團2014/02/26的首次聲明看來，那時候品牌內部的行動方案應該定調為媒體未明實際製程所致誤認，食安部分是有疑慮的食材將配合檢調與衛生單位送檢，文內僅承認關於鼎王麻辣湯頭遭罰一事，管理未盡嚴謹，內文及菜單未相應移除，造成消費者誤解，至感抱歉，並於文後輕描淡寫說明湯頭有佐以雞湯塊等調料調配而成。

二次聲明內有簡單兩點說明，其中皆有談到媒體報導不符事實或引用係有錯誤，以及鼎王無獲取暴利之行為，但對於塩之鑽的相關問題，卻僅以網頁描述上有所逾越簡單帶過。誠如本書先前所提，品牌在遭遇危機事件時法律是經營企業的最低底線，「認錯」、「負責」、「改善」是重生的三大鐵則，但從鼎王集團三次聲明內，絲毫無法感受到品牌對於相關問題，具備勇於面對的誠懇態度。

集團並未針對食安問題或廣告不實詳實說明出錯原因，也未針對因相關問題造成權益受損的消費者提

危機事件處理回應資料檢核表（WH 表）		
關於事件	事件內容	企業作為
When 何時發生	企業未公開該配方開始使用時間	When 何時得知
Where 在哪發生	鼎王外包之湯底工廠	What 從知悉到現在做了什麼
What 發生了什麼	鼎王麻辣鍋宣稱以三十二種中藥材及十多種水果熬煮而成的湯頭，內含康寶雞湯塊成分	What 還有什麼正在進行 或未來會做
Why 問題成因	鍋底廣告不實	How 如何負責
Who 當責是誰	鼎王麻辣鍋配方決定者	Who 誰來負責
Who 誰受影響	• 因不實廣告上門消費的客人 • 曾消費過的消費者	
How 影響程度	後續旗下品牌連續爆出食安問題與廣告不實，已重創集團形象，連帶造成上市夢碎	

事件內容	回應方式	事件內容
2014/02/20 湯頭工廠遭查，勒令停業 2014/02/26 遭《壹週刊》爆料鍋底廣告不實而後旗下品牌便遭連續爆料起底	When 何時公開說明	2014/02/26 首發聲明啟事 2014/03/05 二發聲明啟事 2014/03/07 三發聲明啟事
企業未公開說明相關資訊	Where 在哪說明	集團官方網站
企業未公開說明相關資訊	Who 誰來說明	以聲明稿文字說明
依消保官要求，鼎王集團提供鼎王麻辣鍋、無老鍋及塩選燒肉兩個月內皆八折；另外，消費者可憑過去一年內在鼎王、無老鍋及塩選燒肉消費的發票、信用卡簽單、帳單等，分別免費兌換麻辣鍋鍋底、無老鍋茶包禮盒或塩選燒肉的大蝦沙拉	What 說什麼	可見網路公開之聲明啟事內文 首發聲明： • 說明湯頭本是三十二種中藥熬製而成，但近年有所調整，已非當初所稱之內容，但文宣未能全數更新，因而造成誤會，對於廣告不實的 20 萬罰款，虛心接受 • 文中提及雞湯塊成分 二發聲明： • 僅承認塩之鑽於網頁描述上有所逾越 • 聲明絕無低價採購劣質食材，賺取暴利 三發聲明： • 提出賠償回饋方案
集團下各品牌門市	How 立場與態度	說法從誤會、否認暴利到承認，最後被迫提出賠償
	With 偕同夥伴與關鍵事物	

出合宜的賠償方案，尤有甚者，是集團從未針對接連出錯的相關問題，提出相應的企業改善措施與實際作為，集團在此事件內的短短三張簡單聲明就想輕輕帶過，廣大消費者的信任危機與健康疑慮，未免太過輕率。

從另一個角度而言，在集團未提出實際改善食安的相關措施前，便逕自以為提供了八折折扣與免費贈禮作為賠償便能粉飾太平，卻沒有從消費者真心在乎的健康層面著手，旗下品牌多項食材農藥超標以及殺蟲劑殘留，集團卻未針對可能引起的消費者身體不適或是健康疑慮提出協助，僅想以折扣與贈禮簡單打發消費者，自然會被市場揚棄，頓失光環。

▶ Scout & Review 偵查變化並自省改善

從風險管理的層次，將時間拉遠來看，本次事件於2014年第一季接連引爆，依集團公關所稱已於第二季業績回流已達正常水準，如此看來鼎王集團以及旗下品牌應該在本次危機事件中痛定思痛，亦以修正相關流程問

題，以重拾消費者信心；但2014/11/05鼎王麻辣鍋又遭北海問題油脂燒到，八千桶品質有問題的麻辣原汁已讓消費者吃下肚，此次鼎王的賠償方案為送兩人份鍋底；今年（2022年）到鼎王麻辣鍋官方網站，其中針對食安的相關頁面自2021/01/18至2022/04/20期間，涵蓋供應商產品之檢驗報告與自製產品僅有公布九份報告，其中並未針對先前有疑慮之品項進行檢測。

高涉入產業——食品業

🔍 CASE 3 福灣巧克力

性騷擾事件的蝴蝶效應

▶品牌簡介

　　位於屏東大鵬灣風景區附近的福灣莊園／福灣巧克力，現任執行長許華仁是台灣首位獲得英國倫敦IICCT國際巧克力品鑑機構認證的巧克力品鑑師，也是讓台灣Tree-to-Bar巧克力在國際舞台上發光發熱的推手。採用土生土長的可可果，以領先技術打造獨樹一格的台灣巧克力，在世界巧克力大賽（International Chocolate Award）連續幾年獲獎無數，並拿下世界最佳黑巧克力殊榮。

▶問題源起與事件發展

當福灣巧克力成為巧克力界的台灣之光之際，2020/11/15在匿名社交平台Dcard上卻出現一篇許華仁的父親許峰嘉性騷女實習生的舊聞爆料，內容指控許峰嘉在2015/01/10從後方熊抱、環抱對方腰部，全程都被監視器錄下。

當時女實習生在身心受創後向公司投訴，卻遭解職，被迫轉換實習單位，而許華仁當時於臉書發文「被婊了」等文字，也被女實習生提告，2016/06，該案最終許峰嘉被依違反性騷擾防治法起訴，重判8個月。許華仁被女實習生控告妨害名譽的部分，於2017/10判決結果出爐，許華仁被判拘役40天，民事賠償6萬元。

當爆料文話題在網路延燒，網友們開始掀起一波抵制福灣的聲浪，儘管福灣於11/27及12/08在臉書專頁貼出兩次道歉啟事，表示已深刻記取教訓，但仍無法平息風波。

2015/01/10
許峰嘉性騷
擾女實習生案

2016/06
全案定讞
福灣董座被依違反性
騷擾防治法起訴，重
判8個月

2018/04
民事判決許
華仁判賠6
萬元

2015/12
案件在媒體曝光，
許華仁發文批評女
實習生也挨告

2017/10
刑事判決結果，許華仁
被依散布文字誹謗罪，
處拘役40日，得易科罰
金4萬元

FU WAN CHOCOLATE
福灣巧克力

【聲明啟事】

針對近日網路流傳「福灣巧克力」於2015年品牌轉型期間發生的性騷擾事件，引發消費大眾負面觀感，也讓支持者與好朋友們失望了，「福灣巧克力」在此致上最深的歉意。

這起事件發生後，於隔年即由屏東地方法院判決確定，我們除向當事人當庭道歉，亦依據判決結果予以補償，董事長許峰嘉也被要求卸除職務。我們明白這件事已對對方造成難以抹滅的傷害，這些年來，「福灣巧克力」深切反省，嚴格遵守相關法令規定，致力打造兩性平權的工作環境，並為工作夥伴們建立合法、合理的申訴管道。「福灣巧克力」創辦人許華仁於事件發生時保護家人心切，亦有失言，如今自當時人子的身分，成為人夫、人父之後，對於女性於職場的權益與處境，更能感同身受，對當時的發言不當感到懊悔，經營團隊更是時刻記取教訓，持續以最高道德標準自我要求。

來自廣大網友、消費者對於「福灣巧克力」的每一句批評，都讓我們更加警惕，提醒著我們，身為一個企業、一個大眾寄予期待的品牌，應該時時自我反省、勇於承擔責任。這些日子以來，我們除了對來自各界的意見與指教滿懷感激，也對連帶受到影響的合作夥伴們感到抱歉。我們會將大眾的鞭策化為動力，為創造更好的工作環境、更優質的產品，繼續努力。

福灣莊園巧克力有限公司

2020/11/15
Dcard 出現福灣
性騷案的爆料
Po 文

2020/12/08
再次發聲明致歉，承
諾願意承擔因此次風
波造成的合作品牌的
銷售損失。

2020/10/18
福灣巧克力為「巧
克力界的奧斯卡」
最大贏家

2020/11/27
福灣巧克力發布
道歉聲明

FU WAN CHOCOLATE
福 灣 巧 克 力

【聲明啟事】

福灣巧克力自成立以來，承蒙合作品牌的抬愛、屏東170位農友們的信賴與消費者的喜愛，而慢慢站穩腳步。對於近日網路傳播 2015年品牌於轉型期間所發生的性騷擾事件，引起消費者負面觀感，進而波及合作夥伴的商譽與產品銷售，福灣巧克力在此致歉。

福灣巧克力於11月27日於官方粉絲團向消費者發佈道歉聲明的同時，即一一以電話、電子郵件向所有合作單位說明事件始末與致歉，並尊重與接受合作方在評估損益之後的所有決定；同時，福灣也願意承擔因此次風波造成的合作品牌的銷售損失。

身為一個受到關注與信賴的品牌，我們必須以最高道德標準自我要求，更需要勇於承擔責任，才不負消費者的期許，而我們願盡一切努力，讓消費者重拾對福灣巧克力的喜愛。

再次向此次遭受影響的合作廠商致歉。並對這些日子以來，仍然願意支持福灣巧克力產品的忠實客戶們，致上十二萬分的謝意。我們會記取教訓，為創造更好的工作環境、更優質的產品，繼續努力。

福灣莊園巧克力有限公司

◁📢 凱爺解析

危機事件風險程度評估表（風險評估：中高級）	
★	問題本質是否挑戰企業核心或基本價值，造成期待落差
▲	企業對該問題演變成危機事件的前因後果是否精準掌握
★	針對該問題本質與危機事件，媒體關注的偏好與輿論傳播速度
★	該問題造成影響的人數多寡或範圍大小
★	危機事件是否仍在持續惡化中

　　針對危機事件，我們可以先使用「危機事件風險程度評估表」，先為發生的危機事件進行風險程度的測量，透過早期的預測，將有助於後續安排適當資源。而於本案例中，我們亦可先用此評估表作一個前測：

▶問題本質是否挑戰企業核心或基本價值，造成期待落差

　　本次企業所發生的問題是性騷擾事件，表面上似乎與食品業的企業核心，如原料來源、食品安全或是製造過程

合法合規等，無甚相關，但福灣品牌本身發展的故事背景就帶有地方創新，扶植小農，良善公益甚至是台灣之光的角色，也因此當性騷擾事件大量曝光時，對社會大眾所帶來的期待落差甚大，而這也是引起廣大批評之原因。

▶企業對該問題演變成危機事件的前因後果是否精準掌握

由於本事件並非突然發生，而是事件發生後的五年，法院判刑的四年後，因此企業應對本事件的成因，有一定程度的了解；但卻未適當的關心後續事件的可能發展，因此造成了五年後的蝴蝶效應。

▶針對該問題本質與危機事件，媒體關注的偏好與輿論傳播速度

本事件的傳播方式是由網路論壇醞釀而起的，因此輿論傳播速度憑藉著網民大量的討論快速增溫，同步影響了全媒體對此事件的關注並跟進報導，在各家媒體的推波助

瀾下，自然造成本事件有極高的機率變成當下社會議題。

▶該問題造成影響的人數多寡或範圍大小

本事件中的受害者雖說只有一名女大學生在職場內實習時受辱，但卻因為此類事件在社會裡層出不窮，且牽涉的敏感議題十分多元，如性別霸凌、雇傭關係，職場性騷擾，男女平權、父權主義等，也因此同年齡層的女孩特別能感同身受，甚至是同仇敵愾的出兵聲討，也因此從一個人的職場性騷擾發展成一個性別的觀感問題，影響範圍不可小覷。

▶危機事件是否仍在持續惡化中

雖說與事件相關的官司早在危機事件前四年便已宣判定讞，但企業是否針對該事件，進行了全面檢討，包含職場性騷擾相關制度的建立，性別平權概念的推廣，以力求未來決不再犯；另，由於本事件有具體受害者，是否已與受害者，除官司判決外，另有相關舉措安排以求對方原

諒，讓事件得以圓滿完結落幕。

　　整體而言，本事件依「危機事件風險程度評估表」內指標，應可推知為高風險危機事件，而後，我們再來一同看看本次事件處理中相關資料的整理檢核，這將有助於讓我們一覽事件的數個關鍵點，是否都有妥善適切的作為：

　　本事件處理方式是否符合心法建議？

▶ Pursue the real fact 追本溯源，掌握事實

　　本事件由於並非食安問題，因此在相關問題的源頭追溯上較為簡單，其中關鍵事證即為職場中所裝的監視器，錄影畫面中清楚地拍下了女大學生被性騷擾的過程，也因此成為法官判刑的呈堂鐵證，雖說在本事件中，此項工作紀錄並無法為企業加分，但仍不失工作紀錄是危機處理的關鍵一環；除此之外，前文所提的企業應適當聘請外部顧問協助企業建置更為完善的制度也是值得討論的議題，若

企業能預先於職場安排適合的人資顧問進行兩性平權或職場性騷擾的相關議題，便能有效降低此問題發生的機率；而在問題發生時，企業或主理人不可因一時情緒而莽撞發言，橫生枝節，而是應該立刻尋求相關顧問的建議，從職場法律、危機公關乃至於性別議題的領域，都能有助於更全面的處理危機後續發展。

▶ Relationship of stakeholder 利害關係人的微妙關係

　　從本危機事件內受影響之利害關係人範圍看來，其實非常廣泛，因為問題起因於職場，所以利害關係人從公司同仁開始，透過知情人士的口耳相傳以及雙方官司的爭訟過程，受影響的利害關係人逐步擴大，問題也逐步醞釀成為危機事件，乃至於到董事長撤換、網路論壇踢爆，及後續媒體的跟進報導，連帶影響了下游夥伴與上游小農的合作關係，最終負面訊息鋪天蓋地覆蓋了消費者市場，造成品牌聲譽受損重傷。

利害關係人譜系（本事件受影響範圍）

▶ Smart response 機靈聰敏的回應

從「危機事件處理回應資料檢核表」來看，其實企業在問題發生到官司定讞，乃至到危機事件發生的這段期間，是有足夠的時間與人力、物力，來為這事件的最後結局做出最適安排的，但往往企業會抱持著觀望心態，想著如果拖著就沒事了吧？一年內沒事就沒事了吧？照判決書

危機事件處理回應資料檢核表（WH 表）

關於事件	事件內容	企業作為
When 何時發生	2015/01	When 何時得知
Where 在哪發生	福灣公司內部	What 從知悉到現在 做了什麼
What 發生了什麼	性騷擾事件	What 還有什麼正在進行 或未來會做
Why 問題成因	董事長許峰嘉個人行為	How 如何負責
Who 當責是誰	公司組織	Who 誰來負責
Who 誰受影響	受害女大生	
How 影響程度	從個人，延伸至該職場的女性員工， 乃至於全體女性或是關注平權的族群	

事件內容	回應方式	事件內容
得知問題時間應是問題發生當下，即 2015/01 得知本危機事件應是 2020/11/15	When 何時公開說明	2020/11/27 首發聲明啟事 2020/12/08 二發聲明啟事
得知問題發生後 於 2015/12 向女學生提告 此期間內雙方互相爭訟 於 2016、2017、2018 各有判決定讞， 均判許家敗訴	Where 在哪說明	Facebook 粉絲團
企業未公開布達	Who 誰來說明	以貼文圖片 內文字說明
企業未公開布達 • 僅於 2020/11/27 之聲明啟事內談及 • 向當事人當庭道歉 • 依據判決結果予以補償 • 遵守相關法令規定，致力打造兩性平 　權的工作環境 • 建立合法合理的申訴管道	What 說什麼	可見附件兩則聲明啟事內文
企業未公開布達： 僅於 2020/11/27 之聲明啟事內談及 董事長許峰嘉被要求卸除職務	How 立場與態度	首發聲明： • 說明法院判決的後續 • 向當事人當庭道歉 • 董事長卸除職務 • 打造兩性平權工作環境及申訴管 　道 • 創辦人同步為失言道歉 二發聲明： • 承擔合作品牌的銷售損失 • 向巧克力產品的忠實客戶們致謝
	With 偕同夥伴與 關鍵事物	

上該怎麼做就怎麼做就夠了吧？諸如此類的得過且過思想，就是讓問題得以醞釀成為危機事件的主要原因。

其實就連問題發生的五年後，在危機事件當頭的關頭，企業面對此類敏感議題的事件，其實最終選擇以聲明稿面對大眾質疑與滿腔怒火時，便已經種下無法回頭的遠慮了。

如果害怕一件事情被發現，直接面對恐懼方為上策。

此問題的兩個最適時機，應是官司定讞的那時，或是本危機事件正風風火火的當下，企業大可利用被社會大眾關注的關鍵時點，把握機會說明在問題發生後，企業實際上有哪些具體改善作為，透過真實改善，讓同仁有感的故事，更能感動被性騷擾事件影響第一印象的社會大眾，進而扭轉局勢，也讓事件圓滿落幕，企業無須再提心吊膽過日，這也是種長痛不如短痛，置之死地而後生的危機處理策略。

▶ Organizer & Operator 組織戰：危機小組與決勝操盤手

若危機事件牽涉法律底線，危機處理的三大鐵則即是「認錯」、「負責」、「改善」，但在此事件的相關資訊中看來，企業似乎沒有正式對這三大方向進行適切的安排，這部分我們可以從「危機事件處理回應資料檢核表」中便可略知一二；尤有甚者，是企業對新世代媒體戰與相關議題的缺乏認知，導致了問題發生後，卻始終無法打出好球，甚至連球的來向都無法掌控。

▶ Scout & Review 偵查變化並自省改善

另一方面，如果這些年來，企業有建立相應的監測系統，或許就不會等到問題醞釀成全國皆知的危機事件後，才驚覺烽火連天，卻不知從何救起，只得愁困城內。而若企業真的有自省改善，那麼這次的危機事件就是交出成績單的時候，最怕的是問題發生後五年，企業聲明洋洋灑灑，卻始終交不出一盤好菜上台。

🔍 CASE 4 同場加映──桂冠食品
理性切割，完整承諾

▶品牌簡介

成立於1970年的桂冠食品，主力為冷凍調理食品，尤其是火鍋料及湯圓是許多家庭餐桌上的良伴。雖然是國民品牌，除了最對味的經典口味，還持續開發令人耳目一新的流沙湯圓、辻利抹茶包餡小湯圓、吉比花生雙醬湯圓等新口味。

▶問題源起與事件發展

在福灣巧克力事件的主線外，由於網友紛紛發動抵制拒買福灣行動，連帶也將砲火擴大至福灣聯名的相關合作廠商。其中，桂冠實業於12/04推出的「巧克力湯圓」，標榜使用70%黑巧克力與法國柑橘醬為餡料，被網友質疑是與福灣巧克力聯名，也被發起抵制行動。

桂冠在第一時間表示，巧克力湯圓是選用Malagos

Agri-Ventures Corporation 所供應的鑑賞級 70% 黑巧克力磚，原料是委託福灣進口，並非是聯名商品，但仍然止不住網友怒火，揚言跟福灣合作就拒買。迫使桂冠於 12/07 重新發表聲明，期盼與消費者站在同一線，即日起停止生產「桂冠巧克力湯圓」，上架的「桂冠巧克力湯圓」所得，將全數捐做公益。桂冠此舉大動作與福灣切割獲得多數網友贊同，連帶其他品牌如乖乖、嵜本、Mister Donut、全家、家樂福、金色三麥等企業也接連下架所有與福灣巧克力合作之產品。

桂冠之後又於 12/10 再度發出聲明主動向民眾交代目前針對「巧克力湯圓」處理進度，通路自主停售、回庫的 71,793 盒「桂冠巧克力湯圓」，扣除折損後，自 11 日起至 25 日止，開放國內登記立案的非營利團體免費申請索取，秉持惜食原則避免食物浪費的做法，獲得激賞。

值得關注的是，此風波發生兩年後，Marais 瑪黑家居選物的私人團購社團，老闆娘為力挺福灣，發文不應該讓爸爸犯的錯毀了兒子的品牌，沒想到在社團內引發網友炎

上，惟因此社團為入會制，因此爭議範圍局限在社團封閉內部。

凱爺解析

危機事件風險程度評估表（風險評估：中級）	
	問題本質是否挑戰企業核心或基本價值，造成期待落差
	企業對該問題演變成危機事件的前因後果是否精準掌握
★	針對該問題本質與危機事件，媒體關注的偏好與輿論傳播速度
★	該問題造成影響的人數多寡或範圍大小
★	危機事件是否仍在持續惡化中

　　針對危機事件，我們可以先使用「危機事件風險程度評估表」，先為發生的危機事件進行風險程度的測量，透過早期的預測，將有助於後續安排適當資源。而於本案例中，我們亦可先用此評估表作一個前測：

▶問題本質是否挑戰企業核心或基本價值，造成期待落差

本次企業所發生的問題是巧克力原料進口商（福灣巧克力）出事延燒到自身品牌的危機事件，問題本質也並非食品業最懼怕的原料品質或食安問題，但卻因福灣巧克力的性騷事件無端受害。

▶企業對該問題演變成危機事件的前因後果是否精準掌握

就相關資訊而言，我們無法得知桂冠食品在與福灣巧克力合作前，是否已知悉該公司曾經發生此次性騷問題，即有可能是在危機事件爆發時，方才得知五年前的這段前塵往事，但因為此事並不難查證，因此桂冠應可在得知警訊後，快速掌握事件的全貌。

▶針對該問題本質與危機事件，媒體關注的偏好與興論傳播速度

本次危機事件的傳播方式是由網路論壇開始，進而星火燎原到同期所有福灣的合作夥伴身上，當時統一、全家、桂冠等知名企業，都曾遭受大量的網民批評，當然也引起了後續媒體對此事件的關注並跟進報導，也由於受到牽連的企業多半為台灣知名企業，各家的回應方式自然就會成為媒體與社會大眾的關注焦點。

▶該問題造成影響的人數多寡或範圍大小

本事件中的受害者為一名女大學生在福灣實習時受到性騷擾行為，但卻因為此類事件在台灣社會裡時有所聞且牽涉許多敏感議題，也因此女性消費者相對更為關注事件發展，尤有甚者是藉由此事件的發生來監督自己所喜愛的品牌，是否在相關的性別議題上，抱持著正確的態度，也因此從一個人的職場性騷擾發展成半數市場消費者的觀感問題，影響範圍可謂巨大。

▶危機事件是否仍在持續惡化中

相關官司早在多年便已宣判，但由於福灣處理態度，仍舊讓問題於檯面下悶燒，危機事件的再度爆發也再次顯示福灣的相關回應並無法保護合作夥伴，也因此受牽連的品牌不得不出手停損，避免事件延燒，惹禍上身。

整體而言，本事件依「危機事件風險程度評估表」內指標，應可推定為中風險危機事件，而後，我們再來一同看看本次事件處理中相關資料的整理檢核，這將有助於讓我們一覽事件的數個關鍵點，是否都有妥善適切的作為：

本事件處理方式是否符合心法建議？

▶Pursue the real fact 追本溯源，掌握事實

本事件由於並非品牌本身問題，而是因為合作夥伴過往的職場問題，因此在相關問題的源頭追溯上較為簡單，其中法院對此問題的相關判決內容便能一覽問題本質；同

步廣納消費者意見，便能知悉消費者對品牌後續作為的期
待，另一方面，品牌在進行商業合作、聯名商品乃至於異
業結盟時，應就對方品牌過往作為進行調查，以避免遭受
池魚之殃。

▶ Relationship of stakeholder 利害關係人的微妙 關係

利害關係人譜系（本事件受影響範圍）

從本危機事件內受影響之利害關係人範圍來看，問題起源於上游供應商福灣的職場性騷擾一事，危機事件則來自網民與消費者對此合作夥伴的攻訐連帶牽連到品牌本身，而後因為品牌停損舉措中，將下架相關商品並捐出相關所得，也因此牽動了下游與非營利組織的關係，但這也從根本扭轉了輿論後續走向，讓品牌在此事件中得到了善盡企業社會責任的良好品牌形象。

▶ Smart response 機靈聰敏的回應

從「危機事件處理回應資料檢核表」來看，2021/12/04品牌新品上市，因為福灣危機事件正在延燒，因此大量在乎此事的網民紛紛湧至，造成品牌壓力，企業於12/05提出首次聲明，說明與福灣僅為供應商關係，但未符合消費者期待，而後便在12/07再度發表聲明，其中具體談到危機處理舉措，為下架、公益、日後嚴審合作夥伴以及恪守企業社會責任，此部分於表面看來是完全切割了不符合社會期待的供應商（福灣），卻又同時表達企業對社會的貢

危機事件處理回應資料檢核表（WH 表）		
關於事件	事件內容	企業作為
When 何時發生	2020/11/15	When 何時得知
Where 在哪發生	論壇 Dcard	What 從知悉到現在做了什麼
What 發生了什麼	合作夥伴過往之性騷擾事件被爆料	What 還有什麼正在進行 或未來會做
Why 問題成因	合作夥伴董事長個人行為	How 如何負責
Who 當責是誰	合作夥伴	Who 誰來負責
Who 誰受影響	• 受害女大生 • 與福灣合作的同期品牌夥伴	
How 影響程度	從個人，延伸至該職場的女性員工，乃至於全體女性或是關注平權的族群 網民出征各合作品牌	

事件內容	回應方式	事件內容
本危機事件應是 2020/11/15 福灣遭爆料後，2020/12/03 網軍湧入桂冠粉絲專頁表達對雙方合作的不滿	When 何時公開 說明	2020/12/05 首發聲明啟事 2020/12/07 二發聲明啟事
企業未公開布達	Where 在哪說明	Facebook 粉絲團
• 停止生產該項商品 • 日後針對合作夥伴之審核將更為嚴格 • 2020/12/10 針對進度提出報告	Who 誰來說明	以貼文圖片內文字說明
上架所得與下架庫存捐作公益	What 說什麼	可見附件聲明啟事內文
企業本體	How 立場與態度	首發聲明： • 說明合作夥伴福灣僅為巧克力供應商 二發聲明： • 停止生產 • 上架所得捐做公益 • 日後針對合作夥伴之審核將更為嚴格 • 重視企業社會責任
	With 偕同夥伴與 關鍵事物	

獻，承擔責任也樂善好施。

　下架已造成品牌莫大損失，但品牌自發地想要做更多，於是將爭議商品的全部所得捐出，這已超過民眾期待，也為事件處理帶來了新的道德高度，當然也就能扭轉局勢，水能覆舟，當然也能再次載舟，品牌聲勢扶搖直上

桂冠輕鬆生活
2020年12月10日 · ⊙

【桂冠實業「桂冠巧克力湯圓」進度說明】

桂冠實業秉持「認真、創新、負責」的經營理念，我們在乎並凝聚人與人之間的情感，期盼透過信守承諾與開誠布公的過程中，回應每一位我們重視的消費者，也再次感謝各位的關心和建議，將針對「桂冠巧克力湯圓停產」事件，做後續進度說明：

經確認，「桂冠巧克力湯圓」首批產量為105,022盒。

1.已銷售之33,229盒「桂冠巧克力湯圓」(每盒建議售價89元)，所得金額共新臺幣2,957,381元，將全數捐贈給「財團法人勵馨社會福利事業基金會」。

2.由通路自主停售，回庫之71,793盒「桂冠巧克力湯圓」，扣除折損品項後，將自明日(12/11)週五起，至2020/12/25(五)止，開放國內登記立案之非營利團體，免費申請索取，經桂冠實業核實無誤後，將由桂冠實業安排於2021/1月起陸續配送，請索取單位酌量申請，作為非營目的利用。

桂冠實業對於通路回庫之產品，基於維護完整冷鏈通送考量，後續不進行商業銷售安排，而秉持惜食原則，經討論權衡義賣與不同方案後，本次採取開放公益團體申請，期盼「桂冠巧克力湯圓」能用更圓滿的方式，讓這個冬季獻上一些溫暖，未來我們會更持續努力，致力研發滿足大眾之期待。

有意索取「桂冠巧克力湯圓」之非營利團體，請來信至官方品牌信箱branding@laurel.com.tw，將有專人協助後續，我們將依申請優先順序為聯繫與安排，期待「桂冠巧克力湯圓」這份暖心甜品，能在今年冬天為更多人加溫，亦請不吝嗇一同分享，把訊息傳送給更多需要的機構，讓我們有機會溫暖更多人；有任何想法或想找我們討論，也歡迎隨時私訊聯絡喔。

桂冠實業股份有限公司敬上 2020/12/10

👍 陳靜宜、Kai Tang和其他1.6萬人　　　　1,212則留言 3,000次分享

自然可期。2020/12/10品牌三度出台聲明，報告事件執行進度以及最新決策：

承諾捐作公益：本次爭議商品「桂冠巧克力湯圓」首批產量為105,022盒。已銷售之33,229盒「桂冠巧克力湯圓」（每盒建議售價89元），所得金額共新臺幣2,957,381元，將全數捐贈給「財團法人勵馨社會福利事業基金會」。

恪守企業社會責任：由通路自主停售，回庫之71,793盒「桂冠巧克力湯圓」，扣除折損品項後，將開放國內登記立案之非營利團體，免費申請索取，經桂冠實業核實無誤後，將由桂冠實業安排於2021/1月起陸續配送，請索取單位酌量申請，作為非營利目的利用。

品牌在這三部曲的做法可謂是標準的一手、傑出的二手配上最後出眾的三手，越挫越勇，棒棒驚奇。回看問題當事人福灣，從事件發生到正式回應便拖延了兩個禮拜，受池魚之殃的桂冠卻在一週內將所有事件搞定，且快速回報執行進度，在社會大眾的眼裡，高下立見。

▶Organizer & Operator組織戰：危機小組與決勝操盤手

從品牌2020/12/05的首次聲明看來，那時候品牌內部的行動方案應該僅止於定調福灣為供應商，而非聯名產品，希望透過這樣簡單的區隔能夠平息眾人怒火，未料聲明一出網民噓聲四起，完全無法接受這樣的解釋，也造成再一次的火上澆油。回到心法裡提醒的，發言若輕忽了議題後面牽動的無數敏感族群的神經，或是只是自顧自的解釋，卻沒有對發出不滿的消費者抱持同理心，當然也就無法巧妙說服。

【桂冠實業 說明】2020/12/05
針對近期消費者關心桂冠巧克力湯圓原料一事
說明如下：

為追求絕佳風味，桂冠巧克力湯圓內含的巧克力和柑橘醬都是由國外進口，其中巧克力是連續三年獲得來自世界巧克力大賽 ICA 獎項肯定的 Malagos Agri-Ventures Corporation 所供應的鑑賞級 70% 黑巧克力磚，柑橘醬更是歐洲 CORSIGLIA 百年品牌。

桂冠巧克力湯圓是我們工廠研發團隊，針對台灣消費者喜好，自行研發，經反覆測試和達成消費者市調滿意度達80分以上，推出的2020年的品牌新品，其中黑巧克力原料是委託福灣進口，並非是聯名商品，桂冠巧克力湯圓是桂冠今年獨家且精心研發的新品。

　　所幸品牌在首次聲明後，立刻從網路輿論的反應中得知這樣的說法未能服眾，因此立刻在兩天後2020/12/07發布第二次聲明，步驟即為心法裡提及的三大鐵則：「認錯」、「負責」、「改善」，認錯：品牌對未謹慎考慮合作夥伴的部分，深表遺憾也虛心接受；負責：即日起停賣，並將所得全數捐做公益；改善：承諾未來將在考量高品質產品與優質風味外，同步實踐社會價值與責任。二次聲明一出，網路群起讚嘆，輿論導正，品牌在此次危機處理事件

【桂冠實業 聲明】 更新時間2020/12/07

誠摯感謝各位對「桂冠巧克力湯圓」產品的關注與建議，針對巧克力透過供應商福灣公司進口東南亞 Malagos Agri-Ventures Corporation 原料，處理不周全一事，特對此做出以下聲明：

為尋找頂級原料，本事件透過供應商進口鑑賞級巧克力磚，製成新品，桂冠實業秉持開心品味時光，在乎且凝聚著人跟人的關係，期盼與消費者站在同一線，故即日起：

1. 停止「桂冠巧克力湯圓」之生產
2. 上架之「桂冠巧克力湯圓」之所得，將全數捐做公益

桂冠實業對於合作夥伴的選擇，未來會更謹慎考慮，本事件造成社會大眾多方討論，我們深表遺憾，且願意和消費者同位思考，謝謝大家的意見，特別感謝本事件中給予指教的消費者，我們虛心承受，也期盼未來推出的產品在高品質、優質風味的原則之外，也兼具實踐社會價值與責任，讓各位擔心了，未來請與我們一起同行，有任何看法或意見，歡迎隨時聯繫我們或私訊回饋亦可，謝謝。

桂冠實業股份有限公司敬上

中得以逆轉得勝。

▶ Scout & Review 偵查變化並自省改善

從風險管理的層次看來，如果品牌有建立相應的監測系統，或許就能在新品推出前查知供應商福灣已於2020/11/15便身陷醜聞風暴中，品牌便能在新品上市的相關資訊上採取謹慎揭露的態度，或是預前做好相關準備，而非等到漫天烽火，兵臨城下時方才調兵遣將平息紛爭。

高客製產業——醫療業

🔍 CASE 5 盛唐中醫
對上游藥商督導與查驗不周造成無法挽回的遺憾

▶品牌簡介

盛唐中醫診所院長呂世明為前任台中市中醫師公會理事長,以中醫抗癌聞名,患者眾多,包括台中市前議長張宏年及媽媽、姊姊及其兒子張彥彤(台中市議員)等皆至盛唐中醫求診,掛不到診號的病人,還必須上網請託代購業者幫忙。

▶問題源起與事件發展

台中市前議長張宏年之子張彥彤2020/06因全身無

2020/06/16
中藥商提供鉛丹
予中醫診所

2020/07/31
衛生局送驗
健保給付中藥
送驗查無問題

2020/08/06
前國民黨台中市
黨部主委陳明振
於臉書反應妻子
也有服用
同步送驗中

2020/08/09
台中市府勒令
停業兩個月
盛唐中醫卻僅
公告停診三天

2020/07/30
張彥彤於臉
書公開全家
鉛中毒一事

2020/08/05
自費中藥包內鉛
汞超量
呂世明依違反醫
療法函送

2020/08/09
依違反藥事法聲押
盛唐中醫呂世明
九福中醫藥師洪彰
宏以及歐姓藥商
皆羈押禁見

張彥彤
@kimax61

首頁

貼文

影片

相片

關於

社群

建立粉絲專頁

張彥彤
50分鐘 ·

昨天一早出院，經過約一個月治療、診斷出我們全家鉛中毒，我個人部分鉛中毒加上多重器官發炎，一度準備發病危通知，出院的我還非常虛弱，但是我不能閒著，許多工作和民眾服務案件等待我處理、慈善會還需要募款而我的父母也因為鉛中毒入院了…我感謝上帝讓我遇到中國醫藥學院的專業團隊、感謝所有為我鼓勵與祈禱的朋友們更加感謝衛生局曾梓桿局長，在我住院期間準備放棄的時候、以他個人專業的醫療背景支撐著我的意志，謝謝大家，最後我希望上帝多給我一些時間，至少讓我撐到我照顧好父母健康出院。

本集互動話題：感謝船廠的鼓勵（擦淚

2020/11
張宏年之子
指出當年
其父張宏年
鉛中毒慘死

2020/12/24
呂世明發表
澄清啟事

2021/02/02
呂世明
陳情衛福部

相關刑民事
官司
台中地檢署
仍審理中

2020/08/14
呂世明發表
道歉聲明

2020/12/03
地檢署以偽造文
書與藥事法起訴
呂世明與中藥商
歐國樑等人

2021/01/04
台中衛生局裁罰
盛唐與九福中醫
30-50 萬元並停
業 1-2 個月
呂世明、洪彰宏
廢除醫師證書

2021/05/07
衛福部
駁回覆審，
維持原處分

力、腹部絞痛，至醫院就醫，檢查後發現肝指數飆高，且血鉛飆到 88 μ /100g，已經達鉛中毒，因而懷疑長期服用盛唐中醫所開出養生固氣中藥有關。張彥彤於 2020/07/30 在臉書公開全家鉛中毒一事。

08/05，張彥彤將全家服用的中藥粉提供台中市衛生局檢驗，複驗結果出爐，藥包中鉛、汞含量都超標，台中市衛生局依照違反醫療法將盛唐中醫診所醫師呂世明函送偵辦。而前國民黨台中市黨部主委陳明振同天於臉書反映，他的罹癌妻子也服用該中藥，體內鉛含量高達 95。

台中地檢署經漏夜偵訊後，08/07 依違反藥事法等罪

嫌，聲押盛唐中醫診所院長呂世明、九福中醫診所藥師洪彰宏以及歐姓藥商，台中地院認定三人有湮滅證物與串供之虞，均裁定羈押禁見。

台中市政府於2020/08/09勒令盛唐中醫停業兩個月，但門口卻是張貼「停診三天」公告，台中市衛生局強調，盛唐若違規開門營業，必要時廢止證照。

2020/08/14，遭羈押禁見的呂世明透過律師發表致歉文，強調將負起法律責任，盡全力善後彌補過錯。

> 一、本人執業中醫逾二十年，素以濟世救人為職志，初衷可鑑，對於此次使用硃砂藥粉入藥導致患者身心健康受損，深感懊悔與自責，惟因偵查不公開而尚無法對外為詳細之說明，謹先以此份新聞稿向本人之患者及社會大眾致最大歉意。
>
> 二、本人頃刻正全力配合司法單位、衛生機關之調查，並承諾承擔所有法律責任，盡全力善後，彌補本人之過錯。

> 三、就此次違法使用禁藥行為乃為本人個人不當失慮
> 　　行為，與全體中醫界無關，中醫界有千年優良傳
> 　　統，早經民眾所共識認同，對於中醫師同業因個
> 　　人不當事件遭受質疑，甚至形像受損，本人深感
> 　　歉疚，在此也向所有中醫師同業及各地中醫師同
> 　　業公會誠心致歉。

　　2021/08/18，盛唐中醫導致四十六名吃中藥調理身體的患者鉛中毒，台中市政府開始受理團體受理訴訟登記，其中三十名受害人集體求償12億7千多萬元，張彥彤與家人雖沒有參加團體訴訟，張彥彤於2020/11/04談到父親張宏年曾經表示想要自己出來開記者會，讓大家看到他被害得有多慘，但被張彥彤勸阻，他說，希望大家記得父親未生病前帥帥的模樣就好。

　　台中地檢署2020/12/03以偽造文書、違反「藥事法」等罪，起訴呂世明和疑將色澤相似的鉛丹混入硃砂中出售的中藥商欣隆藥業公司及負責人歐國樑等人。呂世明

12/24委由律師羅閎逸對外聲明，全文如下：

澄清聲明書

茲因張彥彤議員、國民黨台中市黨部前主委陳明振先生、及王邦安、周復興律師於昨日(民國109年12月23日)召開之記者會內容，存有諸多誤解及不實，本人羅閎逸律師謹代表當事人呂世明醫師出面，為澄清社會大眾及患者的疑慮，特提出以下幾點回應說明：

一、本案已起訴進入司法審判程序，呂醫師絕對配合、尊重司法，首先鄭重表明。

二、呂醫師就供應藥商將鉛丹誤用為水飛硃砂交付盛唐診所調劑，造成部分患者鉛中毒傷害等事實，均自始承認，供應藥商也承認是其提供錯誤的藥物給診所，但呂醫師視病猶親，對病患之傷害感同身受，絕對同意負責補償病患，並同時請律師

敦促藥商對病患之傷害共同負責，目前全力謀求善後，絕無任何卸責、推諉情事。

三、呂醫師自案發後、羈押中、交保後均陸續透過診所職員與患者或家屬聯繫，積極尋求能當面致歉及協議善後補償事宜，絕無相應不理情事。無奈有些患者拒接電話；有的接了電話拒絕碰面；有的約好碰面嗣又拒絕，呂醫師只好暫停接觸患者，另與辯護律師商談後再找適當時機處理。至於部分患者為何會拒絕與呂醫師通話或碰面協商，是否受有心人士刻意影響，不得而知，但呂醫師絕對誠心誠意坦然面對司法審判，及持續盡全力與患者洽商和解補償。

四、藥商歐國樑於109年6月16日將鉛丹誤充為水飛硃砂提供予盛唐診所，此部分亦經歐國樑於偵查中承認，並載明於起訴書可稽。導致109年6月16日以後有服用水飛硃砂入藥之部分患者罹患鉛中毒，實為呂醫師始料未及，絕無故意傷害患者。

五、最後張議員提及呂醫師辯護律師有向其委任之律師表明他們家每人一百萬元賠償云云，純屬誤會並非事實，此僅是因張議員曾對外放話說至少要七千萬元，否則免談，呂醫師之辯護律師始與其委任之律師私下談及，建議是否雙方能善意理性溝通，若能於合理可行範圍洽商和解細節，辯護律師將盡速代為向當事人回報洽談，事實上呂醫師當時就和解金額並未授權，亦未預設立場，未來只要是患者所花費之醫療費用及合理的要求，呂醫師絕對負責到底，絕不逃避責任。

聲明人：羅閎逸律師 109.12.24

　　台中市衛生局於2021/01/04依違反醫療法，裁處盛唐中醫新台幣50萬元，勒令停業兩個月（現已永久停業），另一家同樣向欣隆藥業公司購買含鉛的硃砂攙入中藥的九福中醫，裁罰30萬元、勒令停業一個月。並依醫

師法「業務上重大或重複發生過失行為」及「執行業務違背醫學倫理」，將盛唐中醫負責人呂世明、九福中醫負責人洪彰宏兩人移付懲戒，最後決議廢止兩人醫師證書。

不過呂世明2021/02/02上午前往衛福部遞交陳情書，稱醫懲會對他太不公平，廢止醫師證書不符比例原則。

之後衛福部於2021/05/07維持中市府對鉛中毒案的處分，將兩人中醫師資格廢除。衛福部醫懲會認為，呂辯稱「中藥商將鉛丹充當水飛碳砂交給診所員工使用所致」實狡辯之詞，且硃砂自民國94年（2005年）起即已禁止在中藥使用，呂世民行醫多年，應知硃砂對人體安全之危害，且知使用硃砂非屬醫療常規，致造成二十八位病人嚴重傷害，嚴重違反醫學倫理，駁回覆審。

2021/01，消基會中區分會遞交民事起訴狀，代三十名受害人向盛唐、九福及藥商提求償，檢方依藥事法起訴之後，在2021/03/11第一次開庭審理。

2021/11/02，一位張姓女患者過世，是鉛中毒患者過世首例，呂世明（已改名呂志霖）委任律師羅閎逸表示，

呂世明深感遺憾，不過，過世與鉛中毒是否有因果關係，仍須相關單位釐清，目前刑事、民事賠償部分，仍在台中地院審理中。

📣凱爺解析

危機事件風險程度評估表（風險評估：高級）	
★	問題本質是否挑戰企業核心或基本價值，造成期待落差
★	企業對該問題演變成危機事件的前因後果是否精準掌握
★	針對該問題本質與危機事件，媒體關注的偏好與輿論傳播速度
★	該問題造成影響的人數多寡或範圍大小
★	危機事件是否仍在持續惡化中

針對危機事件，我們可以先使用「危機事件風險程度評估表」，先為發生的危機事件進行風險程度的測量，透過早期的預測，將有助於後續安排適當資源。而於本案例中，我們亦可先用此評估表作一個前測：

▶問題本質是否挑戰企業核心或基本價值，造成期待落差

本次所發生的問題是中醫診所提供的自費藥包內之藥材鉛汞超量，造成四十六位客人出現重金屬中毒症狀。由於病患求診都是希望醫生能夠幫助自己恢復身體健康，但還沒康復前卻遭醫生的藥方反傷身體，這已嚴重傷害醫生濟世的基本價值，尤有甚者是已有患者因此鉛中毒問題過世，更讓家屬無法接受，輿論譁然。

▶企業對該問題演變成危機事件的前因後果是否精準掌握

就相關資訊而言，現無法得知中醫師是否事前已知悉該藥材水飛硃砂已被藥商換成低價鉛丹，但因鉛丹入藥而造成的患者重金屬中毒問題，責無旁貸是因診所開立之藥包所肇禍的。

▶針對該問題本質與危機事件，媒體關注的偏好與輿論傳播速度

本次危機事件的傳播方式是由民意代表的臉書貼文開始披露此事，由於事涉政壇名人與大眾健康，因此快速引起後續媒體對此事件的關注並跟進報導，也由於其中所指涉的問題診所為台中知名中醫診所，也因此受害者眾多，引起民眾惶恐，連帶加速輿論傳播速度。

▶該問題造成影響的人數多寡或範圍大小

本事件中的受害者至少有四十六位，從社會顯達的民意代表到等登門求診的市井小民皆有，但若將影響層次從中醫診所向上追溯，則需確認中藥商是否將同樣危害人體的鉛丹提供給其他中醫診所，若查證屬實，則可能牽涉更多受害人數。

▶危機事件是否仍在持續惡化中

由於重金屬中毒的後遺症並非能夠立即改善回復的，

本案也已有相關患者過世，顯見當時遭受的毒害影響頗深，也因此已受損害的患者後遺症不容小覷，仍需持續觀察加護；雖說涉案中醫師已遭吊照，但相關刑民事官司仍未見判決，團體訴訟也仍陷於曠日廢時的訴訟流程之中。

整體而言，本事件依「危機事件風險程度評估表」內指標，應可推定為高風險危機事件，而後，我們再來一同看看本次事件處理中相關資料的整理檢核，這將有助於讓我們一覽事件的數個關鍵點，是否都有妥善適切的作為：

本事件處理方式是否符合心法建議？

▶ Pursue the real fact 追本溯源，掌握事實

本事件由於事涉人體健康疑慮，業已遭衛生單位檢驗重金屬超量屬實，因此就有賴當初採購時的相關紀錄來作釐清，究竟是中藥商的進貨問題導致中醫診所誤用，或是中醫師在知情的情況下採購了低價鉛丹作為替代使用？

另一層面，則可就衛福部醫懲會的說法分析，「硃砂

自民國94年起即已禁止在中藥使用，呂世民行醫多年，應知硃砂對人體安全之危害，且知使用硃砂非屬醫療常規，致造成二十八位病人嚴重傷害，其違反醫學倫理。」若醫懲會說法屬實，則無論是否中藥商提供的是鉛丹還是水飛硃砂，開立硃砂藥方的中醫師皆屬違法行為，中醫師責無旁貸，應為相關違法行為負起全責。

也因醫療行為事涉人體健康，各類藥材藥品實不應輕忽處理，建議各診所除了採購各項藥材品項應如實登載外，也須對應市場均價無誤，避免供應商以次充好，除此之外，更應該定期檢驗供應商所提供的藥材藥品是否規格無誤、品質無虞。

▶ Relationship of stakeholder 利害關係人的微妙關係

從本危機事件內受影響之利害關係人範圍來看，問題起源於上游供應商提供中醫診所禁用之鉛丹於藥包中，導致病患重金屬中毒，甚至病逝。

利害關係人譜系（本事件受影響範圍）

　　危機事件則爆發於消費者即病患因服藥後不適，追溯查明方才得知藥材有異，又因首發踢爆的消費者兼有民意代表身分，也因此消息曝光後便同步引起媒體與政府相關單位的高度關注，鋪天蓋地的相關報導也引起在地病患的不安，深怕自己的藥方內也有鉛丹成分，性命安全有虞，進而引發廣大的重金屬中毒的議題討論，以及之後由消基會領軍高達12億金額的團體訴訟。

危機事件處理回應資料檢核表（WH 表）		
關於事件	事件內容	企業作為
When 何時發生	2020/06/16	When 何時得知
Where 在哪發生	涉案診所	What 從知悉到現在做了什麼
What 發生了什麼	中藥商提供鉛丹藥材予診所 使用，導致病患重金屬中毒	What 還有什麼正在 進行或未來會做
Why 問題成因	中藥商藥材 中醫師藥方	How 如何負責
Who 當責是誰	中藥商 中醫師	Who 誰來負責
Who 誰受影響	46 位患者	
How 影響程度	對個人健康損害甚鉅，後遺 症無法評估影響範圍甚大	

▶ Smart response 機靈聰敏的回應

從「危機事件處理回應資料檢核表」來看，危機事件爆發於 2020/07/30 議員臉書，之後中醫診所遭勒令停業，中醫師呂世明與相關人士也於 2020/08/07 時遭收押

事件內容	回應方式	事件內容
2020/07/30 議員張彥彤於臉書 公開全家鉛中毒	When 何時公開說明	2020/08/14 首發道歉啟事 2020/12/24 二發澄清啟事
向被害者溝通賠償事宜	Where 在哪說明	由律師代為發布
• 持續與受害者溝通 • 協助被害者向中藥商求償	Who 誰來說明	以文字說明
賠償患者所花費之醫療費用 及合理的要求	What 說什麼	可見附件聲明啟事內文
中醫師 中藥商	How 立場與態度	首發聲明： • 表明將承擔責任，盡力彌補 • 向中醫同業致歉 二發聲明： • 對張議員與相關人士所述不實部分加以澄清
	With 偕同夥伴與 關鍵事物	律師

禁見，期間各大媒體無不抽絲剝繭找出真相，由於與病患健康息息相關，民心動盪也讓輿論沸沸揚揚簡直炸鍋，但呂世明卻是於事件爆發後兩週，始發表致歉聲明，那時社會觀感早就木已成舟，大眾也已經接受了媒體報導的各種

說法，當然也連帶影響相關單位對此事件的本質認定。

▶Organizer & Operator組織戰：危機小組與決勝操盤手

事件爆發兩週後的首次道歉啟事，也未能為呂世明扳回優勢，道歉啟事內文僅說明：一是對患者抱歉，承諾將負起責任，二是向因為自己的不當行為而造成對中醫同業的負面影響致歉；但文中絲毫未具體說明問題起因以及後續如何具體負責與賠償。本心法裡提及的三大鐵則：「認錯」、「負責」、「改善」可以做為此事件的處理建議。

認錯：呂世明應就為何使用硃砂的前因後果說明，或許是因為硃砂藥效明顯，一時為求藥到病除而下的應急藥方，但硃砂近年已遭禁用，因此違法事實明顯，責無旁貸，他應公開切實認錯並負起相關責任。

負責：針對受影響的病患區分程度，一是因中藥商所提供的鉛丹而造成重金屬中毒的病患；另一則是過往曾用過硃砂藥材的相關病患，針對此兩類病患提供持續關懷服

務，因鉛丹受影響的病患，因受損程度較重，因此應主動定期聯繫病患身體狀況，並提供相應適切建議，以助其恢復健康。

另一類曾使用過硃砂藥材的病患，由於使用的是安全性較高的水飛硃砂，診所應提供專線服務，讓病患如有身體不適或相關疑慮可以直接詢問，同步也應該針對此類病患進行病況普查，方能得知此藥材藥方之療效或後遺症是否有後續應注意之處。此外，針對相關病患的醫療費用與合理支出，皆承諾予以承擔，並提供具體管道以供聯繫。

改善：雖相關中醫師已被吊銷執照，盛唐中醫也因此危機事件永久停業，但相關同業也應以此為鑑，勿蹈覆轍。

▶Scout & Review偵查變化並自省改善

從風險管理的層次來看，張議員應是該年6月時拿到內含鉛丹的藥包，所以才會在短時間內造成身體如此大的耗損，若診所有定期針對病患的康復情況進行追蹤，或許

就能在第一時間內發覺本應是水洗硃砂的成分，被換成了鉛丹；本次受影響的病患依後續媒體統計高達四十六位，若診所於事前便建置了相關客服追蹤機制，或有任何一位病患察覺異狀，主動通知診所查核藥品內容，或許就不會讓受影響的病患人數如此驚人。

人設崩毀——藝人私德

CASE 6 王力宏

▶人物簡介

頂著伯克利音樂學院和威廉斯大學雙榮譽博士的光環，唱作俱佳加上帥氣斯文外型，王力宏1995年於台灣發行第一張華語專輯《情敵貝多芬》，就以「優質偶像」形象爆紅，曾經兩度獲金曲獎最佳國語男歌手，也曾入圍專輯製作人、作曲等，並跨足電影，不但演出李安導演的《色戒》，更以《無問西東》拿下澳門國際電影節影帝。

▶問題源起與事件發展

2013/11/27王力宏宣布與交往多年的華裔／日裔混

2021/12/15
王力宏臉書發文
證實離婚

2021/12/18
王爸爸參戰

2021/12/18
徐若瑄就遭影
射一事發文澄
清

2021/12/19
By2 Yumi 於微
博承認婚前曾有
交往，但未介入
婚姻

2021/12/19
王力宏二度發文
稱李靚蕾為西春
美智子

2021/12/17
李靚蕾於 IG
首度回應

2021/12/18
李靚蕾二度回
應並要求道歉

2021/12/18
爆料公社網友發
文王力宏出軌
By2 雙胞胎女團
員

2021/12/19
李靚蕾微博回
應 Yumi 並揭
露其裸照頭像

2021/12
李靚蕾四
文聲稱王
想挑起仇
結

血兒李靚蕾在美國登記結婚，婚後時常在鏡頭前及社群媒體上曬恩愛。直到 2021/12/15，王力宏在臉書發文證實離婚消息，寫下：「決定分開生活，但是我們永遠會是一家人。」

李靚蕾 2021/12/17 深夜在 IG 寫下 5000 字爆料，表示「王力宏在婚後持續約砲、召妓，更遭受王家人的羞辱、冷暴力」，條理清晰的指控被網友戲稱為「蕾神之鎚」。

2021/12/18 深夜，王爸爸透過宏聲公司發表手寫信，

/12/20
宏致歉宣
待退出演
藝圈

2021/12/21
中國網友曬出
Yumi 就診照
稱其洗胃急救

2022/01/10
Yumi 微博發文劍
指李靚蕾要其完成
造謠誹謗的刑事調
查 Yumi 閨密曬出
截圖指控李買網軍

2022/01/12
王力宏經紀公司
發表回應

2022/01/13 李
靚蕾八度發文曬
出王力宏長期購
買網軍的證據

2021/12/20
李靚蕾五度發文
宣布停戰

2022/01/04
自稱工作人員抖
出李靚蕾內幕 By2
閨密控訴裸照為 P
圖網友發現李的微
博留言風向大變

2022/01/11
李靚蕾六度發文
打臉 By2 並指
控王力宏帶三名
陌生男子想要強
行進入家中

2022/01/12
王力宏律師事
務所發出聲明

2022/03
雙方展開台北法
律戰

反控李靚蕾當年「挾孕脅婚」。對此，李靚蕾也火速二
度在 IG 上發出聲明，除了提出 7 點澄清王爸指控，更對王
力宏下了「最後通牒」，要求他在 19 日下午 3 點前出面道
歉。

　　李靚蕾發文中一段「有一個女生也是你的砲友，自己
已婚有小孩還要你跟她一起騙他老公……甚至明知違反
法規也要飛奔去找她家找她聚會」，被網友狂猜是指之前
王力宏曾被抓包違反防疫規定去徐若瑄家聚會。徐若瑄

2021/12/18晚間在各大社群網站發文表示，今年王力宏去過自己家聚會兩次，一次是和一群朋友在中午的快閃茶泡飯，一次則是自己先生來台晚間在家宴請朋友。徐若瑄稱，兩次自己都有分享在社群平台上，「每次見面都是一群好朋友一起，絕無私約」。

同一天，一名自稱是By2雙胞胎女團員妹妹Yumi閨密的網友yoyo在爆料公社發文「王力宏出軌By2雙胞胎女團員」。

2021/12/19，Yumi就被指是王力宏婚姻第三者一事於微博作出回應，承認於王力宏婚前，2012年的確曾經拍拖，但她強調：「從未介入過王力宏先生與李靚蕾小姐的婚姻。」

2021/12/19深夜，王力宏發出千字長文，對此事件發聲，強調「5年8個月的時間，是我活在恐懼，勒索，和威脅之下。」

文中稱李靚蕾為西春美智子，而李靚蕾立刻於12/20發文重申，「我中文的名字是李靚蕾。日本的名字是我小

時候有用過，後來決定不再用，因為我的生長和日本沒有連結，且父親離開了我們家庭讓我有不好的回憶。」認為王力宏突然一直叫她西春美智子，是藉此挑起仇日情節，模糊焦點。

2021/12/20，王力宏透過臉書致歉，表示「左思右想，男人還是應該承擔起所有的責任」。同時宣布將暫時退出演藝圈，「我準備暫時退出工作，留出時間陪伴父母和孩子，彌補這次風波帶來的傷害。」而在王力宏發聲明道歉後，李靚蕾也宣布停戰不喊告，並表明3點聲明，「希望這封信，能夠真正為持續燃燒的紛紛擾擾劃下一個句點。」

2021/12/21，有大陸網友曬出醫院就診單據聲稱Yumi輕生在醫院洗胃急救的照片，事後卻被網友爆只是吞兩片褪黑素未洗胃。2022/01/04，有自稱是工作人員的網友出面抖出五大內幕反擊李靚蕾，By2妹閨蜜也在微博上控訴裸照截圖是P圖等，而網友在李靚蕾微博的留言風向則大轉變，紛紛開始出現對她的罵聲。

2022/01/10，Yumi工作室在微博發文標註李靚蕾，要她配合警方調查，「完成關於妳造謠誹謗一事的刑事調查與追究」，不久Yumi閨蜜也曬出多張對話截圖，指控李靚蕾買網軍洗留言，再度掀起一番議論。針對此爭議，李靚蕾於2022/01/11晚間又一次寫下長文，談及By2的指控，坦言自己微博的私訊中有1,512萬則未讀訊息，沒想到她一一檢視傳送者，並沒有收到來自By2的訊息，狠狠地打臉了姊妹倆的嗆聲。

2022/01/11深夜，李靚蕾指控王力宏在未經同意下，帶著三名陌生男子要強行進入家中，讓她和孩子飽受驚嚇。王力宏經紀公司宏聲音樂01/12做出回應，表示「吾疆旁邊就是警察局（大安分局），她想像力太豐富，如果真如李女士所說，是否應該報警才對」，至於三名男子的真實身分，經紀公司則表示「另外的人員是服務他們夫妻倆12年的生活助理，還有在職11年的員工，第三位則是保全」，「很遺憾，因為李女士的發文，又再度占用公共資源。如果李女士握有任何證據，請直接提告，讓司法解決

問題，而不是一再利用媒體和輿論興風作浪！」

　　李靚蕾01/12再度發出8點聲明表示，自己不只是不斷歡迎王力宏看孩子，更不斷請求對方來看孩子，「想看孩子為什麼要違反協議中明訂看孩子的條約？『所有』來訪人員必須經『雙方』評估同意。為什麼未經同意要硬闖？為什麼無論事前或現場溝通要隱瞞第三人的存在？」接著王力宏律師又發聲明：「本所建議我們的客戶王力宏先生，不論任何情況，在無本所律師認可的其他成人陪伴下他不應該與他的前妻李靚蕾小姐單獨相處。」

　　2022/01/13，李靚蕾直接曬出王力宏長期買網軍的證據，當中的購買項目還出現了「王爸爸寫的詩」，引起不少網友反諷「真的好孝順」。

　　2022/03，兩人為了子女監護權在美國法院展開攻防戰，李靚蕾亦向台北地方法院提出聲請酌定未成年子女親權行使，也就是監護權歸屬的訴訟，雙方視訊開庭7小時，調解內容不公開，亦不公諸媒體。

◀📢 凱爺解析

危機事件風險程度評估表（風險評估：高級）	
★	問題本質是否挑戰企業核心或基本價值，造成期待落差
★	企業對該問題演變成危機事件的前因後果是否精準掌握
★	針對該問題本質與危機事件，媒體關注的偏好與輿論傳播速度
★	該問題造成影響的人數多寡或範圍大小
★	危機事件是否仍在持續惡化中

　　針對危機事件，我們可以先使用「危機事件風險程度評估表」，先為發生的危機事件進行風險程度的測量，透過早期的預測，將有助於後續安排適當資源。而於本案例中，我們亦可先用此評估表作一個前測：

▶問題本質是否挑戰企業核心或基本價值，造成期待落差

　　本次發生的問題為知名藝人的婚姻關係由單方面宣告終結，卻未能先與另一半達成共識，進而造成雙方於網路

上接連爆料，最終鬧至對簿公堂的危機事件。其實達官顯要或知名藝人的婚姻以分手作收，時有常見，因此離婚並非問題來源，而是雙方在過程中的指謫與爆料，嚴重傷害了某一方長期建立的完美形象，造成多年來喜愛該藝人的粉絲（Fans）形象破滅，期待落差太大因而引起的反動。

▶企業對該問題演變成危機事件的前因後果是否精準掌握

就相關資訊而言，我們無法得知本事件中的藝人是否知悉對方即將發文，發文的真實目的以及對方手裡所擁有的相關資料為何？但由於是由藝人首發貼文，因此我們假定藝人在發文前，應是十分有把握能掌握事件後續發展，但卻未料對方有備而來，條理清晰，刀刀見血，也就造成了雙方發文互傷的危機事件。

▶針對該問題本質與危機事件，媒體關注的偏好與輿論傳播速度

本次危機事件的傳播方式是由知名藝人於社群媒體貼文公布離婚消息，由於藝人知名度甚高加上娛樂八卦性質，因此貼文一出，便震驚了演藝線媒體，同步於網路社群內快速傳播；而兩日後，對方首度發文，文中提及諸多有悖婚姻忠誠的荒誕行徑，直接將話題從離婚推升至不忠，也讓全線媒體與社會輿論直接炸鍋。

▶該問題造成影響的人數多寡或範圍大小

本事件中所涉及的婚姻關係本是兩個人間的私事，但由於藝人為華人演藝圈內的知名偶像，頗具威望，多年來海內外粉絲數量不計其數，由於事涉藝人多年完美形象與私德，甚至牽連到與其他女藝人過從甚密的隱晦之事，也因此不只是粉絲關注，也成了當時華人圈中最受關注的演藝事件。

▶危機事件是否仍在持續惡化中

雙方於台美兩地的法院攻防仍持續進行中，也因此無法判斷是否會在未來的某時間點，由某方再度對事件提出更多後續發展的相關資訊，到時可能又會再度引起廣大關注。

整體而言，本事件依「危機事件風險程度評估表」內指標，應可推定為高風險危機事件，而後，我們再來一同看看本次事件處理中相關資料的整理檢核，這將有助於讓我們一覽事件的數個關鍵點，是否都有妥善適切的作為：

本事件處理方式是否符合心法建議？

▶Pursue the real fact 追本溯源，掌握事實

本事件起源為雙方對於處理離婚相關事宜的歧見，由於雙方認識多年，婚姻關係也長達八年，因此無論是在輿論戰還是法院攻防中，相關紀錄的收集就成為勝敗關鍵；此外，對應不同層次需求，婚姻諮商、法務顧問、家族資產管理專家也都是不可或缺的一環。

▶ Relationship of stakeholder 利害關係人的微妙關係

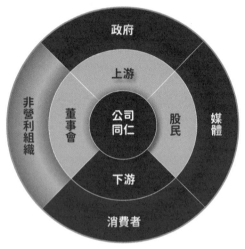

利害關係人譜系（本事件影響範圍）

從本危機事件內受影響之利害關係人範圍來看，問題起源於最親近的枕邊人與自己翻臉對嗆，其實也就如公司內最為器重的高階主管一般，雖說家醜不可外揚，誰都不想要互揭傷疤，彼此公審，但往往最終還是得弄到魚死網破，對簿公堂方能罷休。

內部人的衝突，連帶也牽動了其他人的敏感神經，家

族、同業、過從甚密的閨密女藝人，同時引起了全媒體不分日夜的追蹤報導與廣大粉絲的持續關注；當然此危機事件也在短短數週內，便已造成藝人代言酬勞實質損失高達兩億元以上，後續恐遭各大合作品牌索討形象受損賠償金的後遺症則仍持續延燒。

▶ Smart response 機靈聰敏的回應

從「危機事件處理回應資料檢核表」來看，2021/12/15藝人首發離婚聲明，簡單數行文字內提及兩次不回應媒體以及不想家人被打擾，可見藝人當初發表聲明的態度是希望能夠低調處理，未料聲明引起莫大漣漪。

藝人的諸多行為與對方期待產生落差，因此對方於兩日後2021/12/17首發聲明，文中諸多有悖婚姻忠誠的荒誕行徑，直接將話題從離婚推升至不忠，而藝人對此的回應竟是讓高齡八十歲的父親上傳親筆信作為辯駁，這樣媽寶爸寶的行徑，也坐實了對方長期遭到藝人家人霸凌的指控。

危機事件處理回應資料檢核表（WH 表）		
關於事件	事件內容	企業作為
When 何時發生	2021/12/15	When 何時得知
Where 在哪發生	藝人臉書	What 從知悉到現在做了什麼
What 發生了什麼	宣布離婚	What 還有什麼正在進行 或未來會做
Why 問題成因	未公開布達	How 如何負責
Who 當責是誰	藝人夫妻 及相關人士	Who 誰來負責
Who 誰受影響	藝人家庭 後續涉及的女藝人	
How 影響程度	從藝人家庭，到眾多關注 此事發展的粉絲們	

事件內容	回應方式	事件內容
由於首發貼文為藝人主動公布離婚消息，演變成危機事件應是2021/12/17 對方發文揭發藝人不忠時，離婚問題正式成為藝人形象危機事件。	When 何時公開 說明	2021/12/15 藝人臉書發文證實離婚 2021/12/17 對方於 IG 首度回應 2021/12/18 藝人爸爸參戰 2021/12/18 對方二度回應並要求道歉 2021/12/19 藝人二度發文，稱對方許久未用的日本名字 2021/12/20 對方四度發文，聲稱藝人想挑起仇日情結 2021/12/20 藝人致歉，宣布推出演藝圈 2021/12/20 對方五度發文宣布停戰 2022/01/11 對方六度發文打臉其他藝人不實指控 2022/01/11 對方七度發文指控藝人帶三名陌生男子想要強行進入家中 2022/01/13 藝人發文稱是律師建議，同步律師事務所出具正式聲明 2022/01/13 對方八度發文，曬出藝人長期購買網軍的證據 2022/03 雙方展開法院攻防戰
持續發文	Where 在哪說明	Facebook ／微博
暫時退出演藝圈陪伴父母和孩子	Who 誰來說明	以貼文內圖片文字說明
資產過戶給對方負擔孩子的相關費用	What 說什麼	可於網路查見聲明啟事內文
藝人	How 立場與態度	前後不一，態度不變
	With 借同夥伴與關鍵事物	藝人父親 律師事務所

之後話題延燒到被指涉與藝人有染的女藝人身上，藝人對此並未挺身為其辯駁，而於2021/12/19正式回應中，稱呼對方年幼時所用的日文名字，意圖引起仇日情結，這些作為讓對方在2021/12/19的再度出手，直球對決五大問題；隔日，藝人發布暫時退出演藝圈，卻未針對諸多疑點加以解釋。

本以為雙方停戰，危機事件轉至檯面下處理，卻未料之後事涉其中的女藝人動作不斷，先是流出疑似吞藥洗胃的照片，又大張旗鼓的控訴遭對方P圖陷害，並且指名對方不願去警局完成誹謗的刑事調查，同時公開對方買了大量網軍攻擊的截圖。

於此同時，藝人在未經對方同意的情況下，帶了三位陌生男士前往探訪妻小孩子，並試圖強行進入住宅，對孩子造成驚擾，如此一連串劍拔弩張的行為，讓對方直接出手發文回擊。而後藝人委任的律師事務所發布公告，說明是他們建議藝人「在無本所律師認可的其他成人陪伴下，他不應該與他的前妻單獨相處。」

　　文中還提及對方「已經將他們的離婚變成一場充滿錯誤、虛構且惡意的抹黑行動」。此聲明以中英文並陳，足見律師事務所對此事有所盤算。隔日，對方便直接曬出藝人買網軍的諸多圖文紀錄。

Bonnie E. Rabin
*Gretchen Beall Schumann
Tim James
*Lindsay R. Pfeffer
^Amanda Laird Creegan
Laura T. Hedge
*Natalie N. Diratsouian
Robert Pagano, Legal Assistant
Taylor Anderson, Legal Assistant
^Also admitted in New Jersey

Bonnie E. Rabin
212.512.0812 | brabin@rsaplaw.com

January 12, 2022

EMAIL

We advise our client, Wang Leehom, that under no circumstances, should he be alone with his ex-wife Jinglei Lee without another adult approved by us, his counsel. She has turned their divorce into a false, fabricated, and malicious smear campaign, that is endangering not only our client, but also their children. All he is focused on now, is trying to be with his three children, without interference.

本所建議我們的客戶王力宏先生，不論任何情況，在無本所律師認可的其他成人陪伴下，他不應該與他的前妻李靓蕾小姐單獨相處。她已經將他們的離婚變成一場充滿錯誤、虛構且惡意的抹黑行動。這不僅對我們的客戶，更對他們的小孩，造成危害。他現在僅希望在沒有任何干擾的情況下，全心專注於努力地與他的小孩相處。

　　在本次事件裡，藝人除了自身之外還有兩個協同夥伴，一是藝人父親，另一是律師事務所，但這兩個角色都未能在整場危機事件裡展現出關鍵效益，反而讓對方得以見縫插針，甚至是落人口實，說藝人只會躲在背後，不願

意正面認錯。

在動態變化極大的危機處理事件中，如果察覺自身處於相對劣勢，掌握的資訊遠不如對方，切記不能使用擠牙膏式的回應方式，而是應該痛定思痛，以雙方皆有共識的方式簡單聲明處理即可；更不可一下揮著白旗投降，卻又背底裡想搞絕地大反攻，結果反而壯志未酬身先死了。

▶ Organizer & Operator 組織戰：危機小組與決勝操盤手

無法得知藝人在首度發布離婚消息時，是否已與對方達成共識與默契，但演變成危機事件，肯定是其中相關作為未獲對方認同。

從對方屢次貼文中的文字看來，就是希望藝人能夠真心認錯，負起為人父的責任，而後不愧對自己多年來偶像身分，對社會創造良善的正面影響力。然而藝人在多次對壘質問下，都不願正面回答相關問題，自然也就造成眾人心中的疑惑，乃至於在一波波曬出的截圖證據裡，逐漸失

去粉絲信任，藝人光環也已黯然褪色。

▶ Scout & Review 偵查變化並自省改善

本次危機事件的發展，除了藝人與對方持續互別苗頭的主軸線外，還有兩條副軸線也正同步進行，其中一條副軸線快速止戰，以簡單聲明不帶攻擊，迅速下馬遠離戰場；另一條副軸線則是從事件一開始便積極參戰，但屢戰屢敗，次次位居下風，卻又妄想東山再起，希冀能夠一戰成名。

雖說不是頂著藝人主將的名號，但每次出手都被對方擊落，不也是反傷自己跟藝人的形象與信任嗎？若從全盤高度來看，藝人作為本危機事件中的當然負責人，應該要綜觀全局，運籌帷幄，沒有把握的仗不要妄動，也不該放任群魔亂舞，搞到全盤皆輸，自己卻又神隱不作聲了。

" 企業品牌 "
炎上體質快篩

「謹慎能捕千秋蟬，小心駛得萬年船」──莊子

　　企業經營如履薄冰，主理人們無不戒慎恐懼；在本書的前兩章，已將危機事件的產生，到該如何處理的具體步驟，甚至是應對危機事件必備的五大心法，想必現在大家都成了文武雙全的危機處理專家（誤）；接下來，本書要帶領大家用最簡單的方式，為企業把脈進行健康檢查，預先診斷出企業的危機指數，進而有效管理企業風險，防範未然，方為上策。

評估您的企業危機風險指數

　　首先，請各位在表格內依據企業實際現況進行回答，共有紅點分、黃點分與綠點分3個區：

企業風險危機指數診斷－紅點分（R1-R10）			
問題序號	問題敘述	是 YES	否 NO
R1	公司商品不良率極低，也皆符合法規與消費者期待		
R2	產業是否有特殊法律限制，如：醫美、金融、電商、票券等		
R3	是否將消費者的最後一哩路交由他人處理，如：電商宅配或經銷代管		
R4	過去三年內，公司是否有過勞資糾紛或較產業平均值更高的離職率		
R5	公司高層行事風格是否偶有遭致評論		
R6	公司利害關係人組成複雜，屬於多方股東或已公開發行		
R7	稅務機關是否曾在三年內對公司進行過相關帳務稽查		
R8	公司是否考慮納入 CSR、ESG 等趨勢作為未來發展方向		

企業風險危機指數診斷－紅點分（R1-R10）			
R9	公司三年內可曾接受到消保會通知，討論關於消費者的客訴案件		
R10	公司管理層是否已建立完全透明且可受公評檢視的商品製造／服務流程		

企業風險危機指數診斷－黃點分（Y1-Y10）			
問題序號	問題敘述	是 YES	否 NO
Y1	公司是否能夠從現有流程中快速找出可能發生問題的異常點		
Y2	公司是否記錄每一筆的銷售資料與其後續客戶服務內容		
Y3	公司是否維持高於產業水準的客戶滿意度或較低的客訴／退貨率		
Y4	公司監控自媒體的消費者評價或訊息是否積極		
Y5	客戶服務或客訴案件是否統一由客服中心處理		
Y6	針對個案是否採取單一窗口專人服務且多能具效率圓滿結案		
Y7	公司是否已與主要媒體建立聯繫管道		
Y8	公司是否監測相關社群論壇對公司或品牌的討論或評價		
Y9	公司是否曾接受主流媒體的企業專訪或是深度報導		
Y10	最新版本的員工訓練已達同仁覆蓋度九成以上		

企業風險危機指數診斷－綠點分（G1-G10）			
問題序號	問題敘述	是 YES	否 NO
G1	公司是否已建立危機處理應變手冊		

G2	是否針對危機處理進行過教育訓練或是模擬演練		
G3	公司是否已建立危機處理小組名單		
G4	公司是否已與業務相關的政府單位建立關係		
G5	公司是否已建立外部諮詢顧問團，如：法務、財務、食安、醫療、環保等公司業務或有觸及的專業領域		
G6	公司內部有具備危機事件處理經驗的公關團隊		
G7	公司每年編列媒體採購預算超過五千萬以上		
G8	公司對新時代媒體，如社群、論壇等有一定掌握度		
G9	公司品牌擁有一票死忠支持的鐵粉		
G10	對於過往曾經的客訴問題或是危機事件，公司不貳過從未再犯		

　　各位在填寫完 3 項測驗後，可翻到下一頁核對答案所產生的點數。接著，請各位依據剛剛所填入的回答，計算所得的紅點分、黃點分、綠點分：

企業風險危機指數診斷－紅點分（R1-R10）			
問題序號	問題敘述	是 YES	否 NO
R1	公司商品不良率極低，也皆符合法規與消費者期待		◎
R2	產業是否有特殊法律限制，如：醫美、金融、電商、票券等	◎	
R3	是否將消費者的最後一哩路交由他人處理，如：電商宅配或經銷代管	◎	
R4	過去三年內，公司是否有過勞資糾紛或較產業平均值更高的離職率	◎	

企業風險危機指數診斷－紅點分 (R1-R10)		
R5	公司高層行事風格是否偶有遭致評論	◎	
R6	公司利害關係人組成複雜，屬於多方股東或已公開發行	◎	
R7	稅務機關是否曾在三年內對公司進行過相關帳務稽查	◎	
R8	公司是否考慮納入 CSR、ESG 等趨勢作為未來發展方向		◎
R9	公司三年內可曾接受到消保會通知，討論關於消費者的客訴案件	◎	
R10	公司管理層是否已建立完全透明且可受公評檢視的商品製造／服務流程		◎

企業風險危機指數診斷－黃點分 (Y1-Y10)		
問題序號	問題敘述	是 YES	否 NO
Y1	公司是否能夠從現有流程中快速找出可能發生問題的異常點		◎
Y2	公司是否記錄每一筆的銷售資料與其後續客戶服務內容		◎
Y3	公司是否維持高於產業水準的客戶滿意度或較低的客訴／退貨率		◎
Y4	公司監控自媒體的消費者評價或訊息是否積極		◎
Y5	客戶服務或客訴案件是否統一由客服中心處理？		◎
Y6	針對個案是否採取單一窗口專人服務且多能具效率圓滿結案		◎
Y7	公司是否已與主要媒體建立聯繫管道		◎
Y8	公司是否監測相關社群論壇對公司或品牌的討論或評價		◎
Y9	公司是否曾接受主流媒體的企業專訪或是深度報導	◎	
Y10	最新版本的員工訓練已達同仁覆蓋度九成以上		◎

企業風險危機指數診斷－綠點分（G1-G10）			
問題序號	問題敘述	是 YES	否 NO
G1	公司是否已建立危機處理應變手冊		◎
G2	是否針對危機處理進行過教育訓練或是模擬演練		◎
G3	公司是否已建立危機處理小組名單		◎
G4	公司是否已與業務相關的政府單位建立關係		◎
G5	公司是否已建立外部諮詢顧問團，如：法務、財務、食安、醫療、環保等公司業務或有觸及的專業領域		◎
G6	公司內部有具備危機事件處理經驗的公關團隊		◎
G7	公司每年編列媒體採購預算於五千萬以下	◎	
G8	公司對新時代媒體，如社群、論壇等有一定掌握度		◎
G9	公司品牌擁有一票死忠支持的鐵粉		◎
G10	對於過往曾經的客訴問題或是危機事件，公司不貳過從未再犯		◎

　　請將紅點分 x 黃點分 x 綠點分，即為評測所得的企業危機指數（總分 1000 分），依據指數可將企業危機指數加以分級：

> 50 分以下：維穩型
>
> 50 ～ 500 分：警戒型
>
> 500 分以上：爆發型

解讀企業健檢數據

❶ 維穩型：體質良好，專注本業，追求卓越的溫室寶寶

　　50分以下的企業位於企業危機指數的維穩型，紅黃綠3個分區的平均得點約在3~5點間，可能多分布於綠點區，主要是因為企業聚焦於日常營運，專注研發、產品、製造等內部事務，較少向外發展或聯繫關係，也有可能本身是B2B產業，直接面對消費者的機會較少，相對處理危機事件的經驗也較缺乏；因此要注意的部分是由於缺乏對危機事件的認識與經驗，在突發情況產生時，可能會舉足無措，導致錯失了危機處理的黃金時間。

❷ 警戒型：頭痛醫頭，腳痛醫腳，總是瞎忙的勞碌命

　　得分50分到500分的企業位於企業危機指數的警戒

型，紅黃綠3個分區的平均得點約在4~8點間，由於產業與企業特性各異，無法一概而論；但企業仍可依照各色點區所得分數的情況，判斷何處是企業產生問題的高機率區。

如果分數偏向紅點區，則公司代表內部的兩大未爆彈正在醞釀，一是商品品質，二是人事問題，此處所談人事問題不僅是與同仁間的雇傭關係，更要延伸思考相關利害關係人與企業間的合作，是否存在隱而未顯的衝突問題，或是懸而未決的模糊地帶。

如果分數多分布於黃點區，則代表企業對於消費者相關資訊的搜羅匯集尚未完備，以至於終究無法從源頭改善客訴中的問題核心，每況愈下的發展可能會是不僅無法有效降低客訴率，反而增長了重大客訴的危機事件產生。

此外，企業對於外部環境的信息掌握度顯有不足，這類狀況可能會展現在企業對品牌在外的評價一無所悉，導致可能社群論壇正沸沸揚揚地討論品牌負評，但企業卻仍

舊一無所知的窘況，尤有甚者是重大危機事件發生時，企業竟然得等到媒體正式踢爆後方才得知。

連帶來說，綠點區的分數也反映了企業對危機處理的積極態度與應對能力，首先是企業是否針對危機事件建立相應的知識管理資料庫，並具體化發展成為企業危機處理應變手冊，同步將知識轉化成為行動，從紙上談兵到具體落實；對應到危機處理需要的多元外部能力，企業是否已建立多元的對外關係與聯繫管道（connection），並不斷地從問題改善與危機事件中學習到永續優化企業的祕訣。

❸ 爆發型：嚴防多重併發症一命嗚呼，還在加護病房努力的幸運兒

得分500分以上的企業位於企業危機指數的爆發型，紅黃綠3個分區的平均得點約在6-9點間，坦白來說，就是企業正處於火山爆發帶的核心地帶，任何一個問題都有可以急速發展成為攸關生死的危機事件，或許一眼看

來有些危言聳聽，但若換個角度想，正是一個人懷裡揣著顆即將引爆的炸彈（問題本質），摀耳矇眼（預警系統失效），雙手也被綁住無法自行拆彈（缺乏危機處理能力），嘴巴也無法求救（求無外援、四面楚歌），試問這條天堂路還能安穩走多久？

🔍 免費評估

為您的企業免費評估企業公關危機指數。

後記

期待為更多產業貢獻的初衷

　　興起撰寫本書的念頭已是兩年多前的 2019 年，未料之後遇到全球新冠肺炎疫情猝不及防，眾人皆急於轉型因應變化，這本書的初衷就這樣被我壓在待辦清單的最後一行；但看到在疫情下，企業面對更多無法預測的公關危機時那種無計可施的無助感；看到產業人才對於該領域的知識渴求，但無奈相關產業 know-how 累積幾近於零的窘迫無力；轉念一想，或許也是自己還能夠為社會與產業多所貢獻的地方，於是拾筆而起，欣然受之。

　　原本只是想要簡單扼要地整理出十數年來的公關操作心法，配合實務做法進行分享即可，惟因相關從業人員閱讀後，建議可進一步分享整個公關危機事件的可能發展模式，以全局觀的高度呈現，將更能讓人一目了然，也更能

居高臨下，管理企業風險；因此便再深入細寫階段步驟與圖式表格。

於此，本書已能兼顧產業心法與執行實務雙軌之效，但也顯露了尚未針對台灣本土企業公關危機事件案例進行分析的缺憾，危機事件本就事發突然且獨一無二，問題發生及處理過程又多半諱密不顯，外人無法一窺堂奧，因此讀者若能一邊學習心法與技巧，另一邊又能佐以本土案例進行實務分析，將有助於未來若不慎發生危機事件，透過於案例分析學習時所建立的觀點與視角，他山之石可以攻錯，務求在自己的公關戰裡不貳過，也是一樁美事。

在此，我也想向眾案例內的關係人們致意，由於相關案例歷時已久，如今重整資料也僅限當初公開發布，而現今仍能在網路公開查閱到的相關資料為主，若其中事件時間序或詳盡人事時地物有所漏誤，尚請各方見諒，本書立場為研究討論危機事件與風險管理的策略觀點與實務作為，並非法官或是當事人，因此僅是針對事件內容，表達

相關建議，並非要在傷口上再次灑鹽或是進行最終世紀審判，祈請知悉。

而在針對台灣本土案例進行實務分析後，也延伸出了一個企業自省的議題，究竟「我的企業體質是否健康？抑或危機指數早已破表，早就身處溫水煮青蛙的窘境，只是企業主理人不知道要怕？」為了這樣的需求，遂有了最後一章的企業品牌炎上體質快篩，讓讀者能夠快速進行企業的健康自我管理，同步也能針對問券裡的各項問題，按圖索驥回到各章節內逐步優化企業體質。

回看這一路走來六萬字的筆耕，有產業淬鍊十數年而生的公關心法，讓人一目了然的公關危機事件全局觀，能直接上手操作的圖式表格與流程步驟，台灣本土企業公關危機案例的實務分析以及讓所有人都能簡單入手的體質調查，能集結綜上所述的一本書，身為筆者也算是無愧於這本書的初衷，以及所有與我一路努力的夥伴們。

藉此結語，我想感謝這一路走來，始終是我最佳奧援的捷思整合行銷的夥伴們，感謝所有願意推薦本書的前

輩、客戶、好友們以及被我個人出書焦慮而感到壓力破表的出版社同仁們（我深知偽處女座的龜毛難搞），最後我要感謝我的父母，一切榮耀歸於您們。

　　最後，如同前言所敘，個人期待這不會是台灣企業與品牌在危機管理領域的最後一本書，希望透過不才的拙作，能夠拋磚引玉，讓更多品牌公關行銷從業人員，甚至是跨領域的產官學研社商等界，對此領域知識能夠持續討論，累積深化，進而為台灣企業的日後發展建立獨特且引領市場的品牌公關危機處理與風險管理的產業知識庫。

危機公關炎上對策——從新創事業到上市櫃企業都必修的品牌公關危機處理課 / 唐源駿 凱爺著 . -- 初版 . --
臺北市 : 時報文化出版企業股份有限公司 , 2022.08
208 面 ; 14.8×21 公分 . -- (Big ; 394)
ISBN 978-626-335-740-2(平裝)
1. 危機管理 2. 企業管理 3. 個案研究
494   111011448

ISBN 978-626-335-740-2
Printed in Taiwan

DH00394

危機公關炎上對策——從新創事業到上市櫃企業都必修的品牌公關危機處理課

作者 唐源駿 凱爺 ｜ 主編 李筱婷 ｜ 行銷 陳玉笈 ｜ 封面設計 陳文德 ｜ 總編輯 胡金倫 ｜ 董事
長 趙政岷 ｜ 出版者 時報文化出版企業股份有限公司 108019 台北市和平西路三段 240 號七樓 發
行專線─(02)2306-6842 讀者服務專線─0800-231-705・(02)2304-7103 讀者服務傳真─(02)2304-6858
郵撥─19344724 時報文化出版公司 信箱─10899 台北華江橋郵局第九九信箱 時報悅讀網─http://
www.readingtimes.com.tw 時報出版臉書─http://www.facebook.com/readingtimes.fans ｜ 法律顧問 理
律法律事務所 陳長文律師、李念祖律師 ｜ 印刷 勁達印刷有限公司 ｜ 初版一刷 2022 年 8 月 5 日 ｜
定價 新台幣 330 元 ｜ 缺頁或破損的書，請寄回更換